工業風
空間設計
500

目錄

INDEX 工業風達人錄

Fü 丰巢大安概念店　台北市大安區建國南路二段 151 巷 48 號 02-2707-7731

Mountain Living　02-8751-5957

KC Design Studio　02- 2599-1377

PMK＋Designers　台北 02-8771-3555；高雄 07-227-0098

Reno Deco Inc.　07-282-1889

大名設計　jensen.chiu@taminn-design.com

大雄設計 Snuper Design　02-8502-0155

汎得設計　02-2514-9098

日和設計　02-2598-6991

方構制作空間設計　02-2795-5231

天空元素視覺空間設計所　02-2763-3341

禾方設計　04-2652-4542

只設計部　02-2702-4238；0930-391365

由里室內設計　06-259-5155

非關設計　02-2750-0025

思嘉室內裝修　jclhard@gmail.com

邑舍設紀　02-2925-7919

尚揚理想家空間設計　02-23897700

法蘭德設計　**桃園** 03-379-0108；**台中** 04-2326-6788

京璽國際股份有限公司　02-2767-0889

拾雅客空間設計　02-2927-2962

東江齋設計　02-2793-9726

雲邑設計　02-2364-9633

韋辰設計　02-2277-4456

植形空間設計事務所　02-2533-3488

澄橙設計　02-2659-6906

潘子皓設計　02-2625-1379

緯傑設計　0922-791941

摩登雅舍室內設計　02-2234-7886

奧立佛室內設計　07-222-9568

雅堂空間設計　038-537-725

威爾室內設計 02-2784-9965

隱室設計　02-2784-6806

浩室空間設計　03-367-9527

諾禾空間設計　02-2528-3865

維度空間設計　07-363-5916

鄭士傑室內設計　02-3765-3823

彗星設計　0920-298-218

裏心設計 02-2341-1722

慕澤設計　02-2528-6603

懷特室內設計　02-2749-1755

優尼客空間設計 -UNIQUE DESIGN　02- 2885-5058

築鼎室內裝修設計 02-2528-9397

CHAPTER 1

天花板

圖片提供 © 大名設計

001 甘蔗板

特色 集合皮又稱密集板,也就是「甘蔗板」,是以木材碎片加膠後經過高溫高壓處理,原始的材質紋理可活潑居家空間

優點 容易切割、較環保。

缺點 不耐潮,易扭曲變形。

工法 板材施工方式,多以不同的膠劑先行黏合,再依板材的脆弱程、美觀及穩固,另以暗釘或粗釘固定。

圖片提供 © 隱室設計

002 鐵件

特色 鐵件具有金屬建共通的優點且價格相對較低,因此常應用於結構材或裝飾面材。若施以電鍍、噴漆或烤漆等處理,還到達到防鏽效果並展出迥異面貌。

優點 支撐力足、造型多變。

缺點 容易生鏽,需做好防鏽處理。

工法 鐵件適合使用電焊,因此種工法較為穩固。上漆或鍍膜前須清除鐵鏽或油污,否則會降低漆膜的附著力;上漆前須磨光,避免水氣從細孔滲入,也讓漆料能緊緊附著在金屬表面。

003
水泥板

特色 結合水泥與木材優點，質地如同木板輕，具有彈性。且因具有不易彎曲和收縮變形、耐潮防腐特性，加上材質輕巧施工快速，也適用於外牆。

優點 防火耐燃。

缺點 容易著色顯得髒污。

工法 因材質重量較重，若運用於天花板，需增加骨料密度以強化結構。施作於地板時，底板建議採用較堅固的木心板，木心板加水泥板的總厚度最好超過 20 公釐，才能避免地面破損。

004
樂土

特色 相較於水泥批土牆面呈現較不穩定、容易有無法預期的大小裂痕，樂土顆粒細膩不易龜裂，是新一代的環保綠建材。

優點 具有防水透氣的特性。

缺點 使用樂土的牆面只能塗抹不含樹脂的水性漆，否則會破壞樂土防水透氣性。

工法 施工過程類似批土，最後需經過研磨才算完成。

攝影 ©Yvonne

005
裸露水泥模板

特色 粗獷、不加修飾的外貌，適合喜愛粗獷、有個性的居家空間。

優點 不需另外做天花板，可釋放原有屋高。

缺點 容易掉粉塵。

工法 礙於裸露原始水泥模板，易掉粉塵，因此通常會先塗上一層保護漆，防止粉塵掉落，也兼具保護作用。

材質細節。淨空的天花板，為避免粉塵掉落，漆上削光的透明塗料，而不做亮面處理，即為了保持自然的原色。

006

EMT 管把裸露的管線收得整齊俐落 剔除掉天花板的修飾，雖然露出了水泥模板的粗獷痕跡，但還原本色的簡化，卻也讓整個空間變輕盈了。至於裸露出的原有管線，則收束整齊之後，用 EMT 管包覆，這種銀色金屬管的冷調正好可以呼應工業風的剛性基調。圖片提供 © 拾雅客空間設計

🔘 **材質細節。** 吊燈的配線為銀色 EMT 鐵管，天花板的埋線皆以管線外露方式呈現。

🔘 **材質細節。** 紅磚牆與鐵件支撐的組合，給了空間粗獷的結構感，也強化了工業風格語彙。

007
天花板裸露最原始形象 為了表現粗獷的工業風，設計師拆掉天花板，直接讓消防管外露，而屋樑刻意保留包樑的打鑿面木板模的原始樣面，近乎任性的設計，僅僅施作配線而已。既然天花板如此不計形象，冷氣外露式更能呈現工業風的硬體概念，管線細節強調配置簡潔，並以深紅色、黑色為主。圖片提供 © 植形空間設計

008
留白給空間更多自我表情 屋主二人希望這 17 坪的居家能以 LOFT 風格定調，因此設計師首先以開放隔間做規劃，同時在大樑下方對應設計了一座輕食吧檯，使之自然形成空間中的隱性劃分；而後方的磚牆設計在上方刻意不做滿，以留白設計預留了女主人隨意擺放裝飾品的空間。圖片提供 © 天空元素設計

009

🔘 **材質細節。**將燈光、空調的管路透過整合配管後，再以鋼管與銀錫等剛性建材做包覆設計，展現金屬工業風。

009

剛性建材架構金屬工業風 屋主因國外留學時接觸到真正的工業風空間，希望能將當時的體驗帶入新家之中，為此設計師先將原建商規劃的三房格局改為二房，讓空間更流暢無阻礙，並以粉光水泥的天花板與工業感的軌道燈配置燈光，至於冷氣管線則用銀錫包覆，展現時尚與工業風的完美結合。圖片提供 © 法蘭德設計

⊜ **材質細節。**強烈結構感的天花板大樑以及粗
糙的泥作表面都成為人文設計的語彙。

⊜ **材質細節。**設計師以減法設計去除不必要
的隔間或裝置,留下舊結構中的歲月痕跡
與美麗。

010

原況天花板見證歷史感 這是間位於高雄駁二特區的文具商
店,由於建築本身是超過 15 年以上的老舊倉庫所改建,相
當有特色與魅力,因此設計師保留了原本天花板樣貌,再混
搭著輕鄉村氛圍的木作裝飾,以簡約線條與穩重色彩帶出店
內各式獨具風格的文具特色。圖片提供 © 澄橙設計

011

老公寓結構裸露出年代感 這間坐落於老公寓一樓的住辦合
一空間,除了原屋管線老舊、狀況不佳,空間也因隔間過多,
導致室內有採光及通風不佳的問題。因此,設計師先將格局
打開來改善缺失,另一方面則保留原始樑線與天花結構,也
順勢讓工業風輕鬆成型。圖片提供 © 優尼客設計

材質細節。 在裸露的天花板中將燈光與電路整合，同時加上鋼板造型裝飾，使燈光成為設計主角。

012

鐵件燈槽蜿蜒如音繞樑 在西洋古董傢具與傢飾的情境式佈置中，原本不屬於視覺聚焦點的天花板上，卻因黑色鐵件建構而成的蜿蜒燈槽而倍受矚目，鋼鐵色澤的曲折線條與天花板上的原始樑柱結構如雙軌音樂聲線般地和諧延伸，指引出空間動線，也讓辦公區秀出強烈個性感的工業風格。圖片提供 © 懷特設計

013

裸露天花板 管線營造品味 由於屋子本身天花板高度較低，所以不施作天花板牆，直接將管線裸露於外，降低視覺壓迫感，搭配深色文化石磚牆與鐵件點綴等，做出具品味的工業風格；天花燈與明管為整組焊接好後，再塗上避免生鏽的透明保護漆，加上吊扇、軌道燈等，展現出古樸個性感。圖片提供 © KC design studio

材質細節。 採用 EMT 管做為天花板明管材質，質感較一般 PVC 管好，但施作較為費工。

014

🍃 **材質細節。** 柱體採用老釉小口磚作局部拼貼，與空間、戶外綠意揉合成協調且懷舊的氛圍。

014

鐵皮屋鋼板營造粗獷視感 戶外用餐區的天花作出風格設計，採用常見於鐵皮屋的樓層鋼板作鋪陳，並作灌漿處理，搭配倒吊風扇，形成具金屬工業感的粗獷視感，並於天花邊角妝點一排 LED 燈泡，不僅是空間裝飾，更可在夜晚形成溫和不刺眼的氣氛照明。圖片提供 © RENODECO Inc.

015

灰階工業美與木質相呼應 為餐廳空間，於天花板沿橫樑作出軌道光源設計，營造出 LOFT 工業感氛圍，並在整片灰階中，運用淺綠色餐椅適時妝點彩度，形成一股自然樸實的風格，而每一桌的間距都拿捏合宜，讓用餐氛圍可完美凝聚，也讓桌與桌之間的交流不受彼此干擾。圖片提供 © 潘子皓設計

015

🍃 **材質細節。** 在 LOFT 空間中加入超耐磨木地板，並刻意選擇灰階色彩，呼應整體天花板調性。

材質細節。 清空的白色天花板設計了小屋簷，再裝上隱藏式的投射燈，讓走道也照出夜裡一路的溫暖。

016

材質細節。 為表現工業風，採用原木顏色的甘蔗板。也因甘蔗板受限於板材的規格，在交接縫隙的處理必須更細緻貼合。

016

以甘蔗板的斜坡鋪面作空間的導引 38 坪多的空間，因進門深度只有 130 公分，遂以甘蔗板的斜面設計，逐漸向內延伸，作為導引入內開展空間的視覺效果。也因天花板原架有兩台主機和熱交換機等空調設備，半包覆式的甘蔗板可降低機器運轉的噪音，並兼具修飾的效果，使空間拉高到 330 公分，讓居住更寬敞舒適。圖片提供 © 大名設計

017

餐廚天花板兩側有對稱的小屋簷 一如倉庫的通透無隔間，也沒有天花板，卻也不想太過強調工業的剛強粗勁，因此將天花板打開之後，即刷上白色塗料。而入門走道的天花板設計成一個小屋簷，即在於左側的空調管線不得不以斜簷的方式包覆後，才有了對稱的呼應。圖片提供 © 思嘉創意設計

018

🌀 **材質細節。**魚缸所對應的天花板處，加入不鏽鋼板，可減緩水氣直接破壞天花板材質。

019

018

讓天花板呈現出最原始的樣貌 客廳天花板以不包覆手法處理，同時也分別將管線裸露出來，以及加入不鏽鋼板元素，相互挑起冷冽質感，也帶出粗獷和不加以修飾的味道。圖片提供 © 邑舍設紀

019

鐵網片增添空間陽剛味 為了呈現空間原始況味，天花板特別運用鏤空鐵網片做呈現，有別於一般木作天花板的遮掩修飾，以材質質感帶出 Loft 的陽剛與直率感。圖片提供 © 威爾室內設計

🌀 **材質細節。**為了突顯鐵網片質地，特別結合照明投射，藉由光線映襯出材質細節。

材質細節。擔心清玻璃結構性問題，所以搭配了Ｈ型鋼、木作等作為支撐，帶出設計感之餘背後富含了安全性。

020

多種材質消弭室內外的分界　空間天花板與牆面，運用不規則木作、鐵件架構來形塑，並結合大量的玻璃作為隔牆元素，一來不僅帶出天花板與牆面之間的造型美感，二來也消弭室內外的界線。圖片提供 © 尚揚理想家空間設計

021

運用回收鐵板設計鏤空天花板　設計師以展場概念規劃設計師服飾空間，簡單的線條與白黑色調呼應服飾的剪裁，由於天花板高度不夠，利用雷射切割鐵板所剩的邊料焊接出鏤空的天花板，以保留空間高度。圖片提供 © 隱室設計

材質細節。巧妙的回收利用雷射切割鐵板所剩的邊料，以現場焊接拼貼的方式創造天花板的層次線條，再以白色整理出乾淨的視覺感，既環保又富創意。

022

材質細節。除了以地坪或傢具劃分區域，利用天花高度
變化，帶來不同的感受，也有界定區域的效果。

022

實木條表現天花層次同時劃分客餐廳區域　餐廳區天
花局部以長短不同的實木條表現層次，同時藉此劃分
客餐廳區域，並搭配工業風格吊燈，讓客廳為背景襯
出餐廳風格。圖片提供 © 浩室設計

023

024

⊜ **材質細節。**外露的工業風管線與一般隱藏的塑膠軟管不同，使用 EMT 金屬管，除了美觀、也較為安全。

⊜ **材質細節。**以嵌燈取代吊燈，讓用餐空間更顯簡潔俐落，同時也可解決屋高較低造成的壓迫感。

023

EMT 金屬管線美觀安全 外露的軌道燈與管線是工業風常見的手法之一，看似簡單，卻大大影響最後燈具與下方傢具對應位置，在簡潔的住家中，平衡與協調感是美觀與否的關鍵，所以成為設計師一開始就要在圖面上精確計算、定位的重點項目。圖片提供 © 維度空間設計

024

人文本質呈現輕工業風 由客廳一路延伸至用餐區的木紋牆面提供自然感，並與白色文化石的餐廳主牆銜接，鋪陳出休閒質感，而為防止廚房油煙溢出而設的活動拉門，則因設計師在門板上繪製畫作更顯趣味，同時與天花板上黑白相間的工業風嵌燈上下呼應，營造出充滿人文感的輕工業風。圖片提供 © 法蘭德設計

025

🌀 **材質細節。**將天花板上管路以藍色鋼管整合包覆，亂中有序的線條呈現出輕工業風的自由放鬆感。

025

藍色線條畫出自由天空 因希望 17 坪的中古屋視野能更寬敞明亮，因此先將原隔間打掉，再利用落地窗設計引入更多自然光；而室內僅有 1 房 1 廳的格局則採用半高矮牆設計與天花板的結構大樑作定位，呈現十字座標般的格局示意，為了保留屋高，天花採不封板設計，避免小空間的壓迫感。圖片提供 © 天空元素設計

026

斜頂木天花板引出休閒感 20 坪空間因需納入工作室、客廳、臥室、衛浴等多元功能，在隔間上更需簡化，除以活動式拉門區隔了公共與私人空間外，客廳則以白牆搭配時尚黑的電視牆營造出簡約都會風格，至於木紋造型天花板其實是串聯各空間的特色材質，成功地營造出休閒氛圍與延續感。圖片提供 © 澄橙設計

🟰 **材質細節。**藉由斜頂造型與木紋天花板材質，映襯出黑白空間的優雅質感，讓住辦合一的簡約空間更顯溫度。

027

溫暖柚木融化冷冽工業風 後陽台內鋪天蓋地的水泥牆色，加上簡潔的門窗線條，營造出乾淨、素樸的美感，而在天花板與側牆之間設計師特別以格柵造型的柚木天花造型，讓原本冷調的畫面展現出空間溫度。圖片提供 © 優尼客設計

🟰 **材質細節。**透過裝飾性的柚木框架與大門、椅子等物件，調和出更具人文感的工業風。

028

純白管路弱化天花板線條 為了滿足未來感的空間設計主題，刻意讓天花板以未封板的開放設計，同時將電路、空調、燈光等多重線路管線盡量歸納至牆邊或樑柱，減少視覺干擾，同時以機能考量，運用不同的白色材質做包覆設計，再搭配牆面壁紙的高度，模糊了天花板的雜亂，也成就工業感的屋高。圖片提供 © 懷特設計

🟰 **材質細節。**白色天花板因黑色吊燈與書牆壁紙的色彩有了視覺轉移效果，成功虛化了天花板的線條感。

029

🔘 **材質細節。** 天花板懸吊造型吊燈，運用玻璃的通透性與鐵件的金屬質感，創造空間亮點。

029

保留天花板 點綴彩度創亮點 包覆空間大樑作出修飾，天花板不做太多設計，僅大面積刷上白漆，同時保留原有管線，讓屋宅配置的冷氣線路、消防水管等橫互穿樑孔，營造出裸露的自然視感，並適時添入淺藍色調提升空間彩度，於上方形成交錯的線條美感。圖片提供 © KC design studio

030

裸露紅磚原始的歲月之美 在敲掉牆面的表層水泥後，不施作新牆，刻意保留牆體內具 50 年歷史的紅磚，讓其裸露而出，搭配簡約燈光，形成粗獷原始的立面設計；因早期的紅磚較大塊、紮實且耐用，且歷經時間風化，呈現出深淺不一的色調，充滿歲月之美。圖片提供 © RENODECO Inc.

030

🔘 **材質細節。** 磚牆表面不漆上透明漆，僅用砂輪布稍作打磨，且未上透明漆 讓牆面的原始況味更濃郁。

031

◒ **材質細節。**打掉封板天花板，甚至連原有的油漆都磨除，大膽裸露屋樑水泥施作的斑駁痕跡，僅刷上透明的保護漆。

031

屋樑露出原始的水泥模板 為了呈現工業風的原始況味，打除天花板之後，露出大樑大柱，不僅拉高空間，顯得更開闊，也營造出隨興自由的強悍風格；而為平衡空間過於陽剛的氣息，也運用鐵件和實木板的結合，加以修飾大樑，不僅賦予溫暖的質感，也具有展示物品的裝飾效果。圖片提供 © 拾雅客空間設計

032

天花板的軌道投射燈槽呼應螺旋管路徑 天花板以仿斑駁的油漆和粉光處理，呈現出鐵繡的色感，並將裸露的天花板線管和空調整理成束；令人意外的是，原本只有 8 公分的線管寬徑，卻用了 25 公分寬的螺旋硬管包覆起來，反而可以平衡了右牆的大壁櫃，為這個空間更加分了粗獷的工業氣息。圖片提供 © 大名設計

032

◒ **材質細節。**把辦公空間才會採用大的外包螺旋硬管引進較小的居住空間，居然有了平衡對面大牆櫃的效果。

033

⊜ **材質細節。** 管線搭配的燈飾非投射燈而是形狀較大的筒燈，再次補強空間線條感。

034

⊜ **材質細節。** 木皮在貼覆時有特別留意紋理，選擇以垂直軸向做處理，讓整體看起來不會太過複雜。

033

管線著黑色外衣加深立體感 天花板沒有刻意再利用木作做修飾、包覆，選擇讓管線外露，並著上黑色外衣，一致性的深色調，有效地加深空間的立體度。圖片提供 © 邑舍設紀

034

木作形塑出葉脈般的天花板造型 天花板上方配置了空調主機，為修飾機體設計師運用木作來處理，斜式線條的表現方式，不但修飾了問題點，也讓天花板像葉脈一般深具特色。圖片提供 © 尚揚理想家空間設計

035

材質細節。紅酒木箱散發著純樸自然的風土氣息，是很好的再利用素材，能輕易的裝點出空間風格。

036

材質細節。不做天花板能爭取較充裕的高度空間，為了避免裸露的天花板過於零亂，建議將原有管重新整理配置。

035

回收紅酒木箱化身天花板裝飾元素 空間大量運用回收材質，回應蔬食餐廳的理念，保留原有空間高度不做天花板，在局部天花以設計師所蒐集的紅酒木箱構成，營造豐富的空間層次。圖片提供 © 隱室設計

036

保留天花高度並架設不鏽鋼管，到位呈現工業風 刻意不做天花板以保留天花高度，除了保留原有管線之外，在天花架設廠房才會出現的不鏽鋼管，加強工業風的元素，再以軌道燈增加天花的線條感，更切合整體調性。圖片提供 © 浩室設計

037

037

可上下照明燈具打造明亮餐廳 天花外露管線塗上灰、白、銀等輕淺色彩，令複雜的線條不會帶來壓迫感，而是成為住家耐看的個性工業風裝飾。客廳主燈是可上下照明的圓柱狀燈具，自帶間接光的暈染效果；設計師規劃多種切換迴路，讓屋主能夠依照不同需求調整亮度。圖片提供 © 維度空間設計

038

抽象線條勾勒優雅工業風 為了使 35 年老屋的管線得以更新重置，同時也滿足屋主喜歡的工業感設計，設計師在屋內僅以少量的木作天花板做造型，且刻意保留了部分管線，創造出抽象的線條排列，並使其與新造的天花板造型形成設計對話，呈現出更為優雅的工業風格。圖片提供 © 天空元素設計

⊜ **材質細節。**除了主燈為 T5 燈管外，其他的投射燈皆為 LED 燈，解決舊有鹵素燈會過熱、耗電缺點，成為住家常備的輔助點狀燈源。

038

⊜ **材質細節。**顯眼的紅色管路線條，在導圓角度的天花板造型外框中，猶如抽象畫般吸引目光。

039

純淨原生的輕鬆結構感 在都會生活中，屋主選擇更純淨的空間來滌濾生活的繁瑣凌亂，並透過未修飾的天花板與裸露大樑線條，提示著簡單、原始的美感。特別是以建材的原色、原味鋪陳空間硬體，讓自然材質回歸到日常家居生活中。圖片提供 © 澄橙設計

040

依順建築而設的立體雕塑 立體雕塑般的天花板造型給人現代化的重工業感，搭配由鐵件與金黃色玻璃構成的前衛吧檯，讓這座位於地下室的多功能交誼廳不僅在空間上滿足娛樂功能，同時在空間氛圍上也呈現出私人俱樂部般的時尚潮味。圖片提供 © 懷特設計

◉ **材質細節。**以水泥為主要建材，搭配原色木質、鐵件與馬賽克磁磚、質樸文化石牆，展現低調紓壓感。

◉ **材質細節。**為了避免增加封閉式空間的壓迫感，在天花板上順著建築結構設計出立體的造型，不只增加視覺趣味，也減少了屋高的壓縮。

041

041

天花板模痕跡更顯質樸 原先老屋天花板不作任何重整，以大面積灰色為基調，呈現舊有水泥鏝飾的人工痕跡，同時添入時間風化的自然元素，充滿質樸風韻，之後再結合燈光設計，加裝黑色軌道燈，並打上壁虎垂墜黃銅燈，營造具工業感的裸露天花板。圖片提供 © RENODECO Inc.

⊜ **材質細節。**天花板清晰可見板模的遺留痕跡，不同於一般光滑細膩的天花板處理方式，板模痕跡更添質樸情調。

042

042

頹廢 vs 華麗的裸妝美學 了解屋主本身有收藏老件傢具，設計師在規劃這棟中古屋時特別加入時光回溯的概念，並在天花板上以未經修飾的裸妝泥作配合明管軌道燈，形成圍塑式造型框架，加上中央懸吊的水晶燈，呈現低調頹廢的華麗氣息。圖片提供 © 澄橙設計

⊜ **材質細節。**水泥原色的天花板與老件傢具相當契合，而反差性極高的水晶燈混搭出都會時尚感。

043

🔵 **材質細節。** 上下對應的橫樑與半腰櫃，皆塗布樂土材質，營造整體感、減輕壓迫。特別選用的復古不銹鋼開關插座面板，注重細節令整體風格更加完備。

044

🔵 **材質細節。** 保留廚房屋頂原有的水泥板，稍加清潔修飾後，即刷上灰色油漆塗料，呈現手工塗抹的痕跡。

043

上樑、下櫃用樂土營造一致性 為了達到工業風「簡約隨性，將身邊原有物品融入生活」的概念主軸，設計師在規劃櫃體時，特意不採用「全部藏起來」的收納方式，半隱藏半開放，有點使用後的凌亂感，反而是空間中的生命力所在。圖片提供 © 維度空間設計

044

舊式水泥板拼接的廚房屋頂 將廚房屋頂原有的水泥板特別保留下來，真實呈現舊年代的建材，素樸得很有味道，和大量使用不繡鋼廚具的現代感，形成舊與新、冷與暖的對比趣味。而在大塊水泥板的拼接下，再懸掛垂掛吊三個大件燈具，更顯出空間氣勢。圖片提供 © 拾雅客空間設計

045

材質細節。灰鏡之間又再加了木格柵，透過線條的鋪排，消弭深色的沉重感。

045

灰鏡反射平衡了線條與視覺 室內樓板並非全然一樣，一部分採取裸露做法，一部分則是加入灰鏡材質，由於鏡面具反射特色，使室內空間感更為寬闊、舒適，並平衡了整體線條與視覺。圖片提供 © 大雄設計 Snuper Design

046

材質細節。天花板搭配白色軌道燈，相較黑色軌道燈易加深黯淡，鐵灰底色顯現白色線條更為突出。

046

鐵灰天花板色計大當家 以鐵灰色作為天花板色彩，牽動著其他空間傢具配置，廚房從冰箱到電器櫃皆為灰色系，甚至抽油煙機排煙管也一併漆成灰色，客餐廳空間主角同樣也是灰色長桌，再以不成套的桌椅來搭配，頗具時下深受年輕人喜愛的風格餐館的迷人氣息。圖片提供 © 築鼎視覺空間設計

047

從天花板到牆面充滿大地風格 此間命名為「石屋」的民宿房間，即於牆面鋪貼上石板亂片的進口壁紙，再交錯黑色的鐵件，呈現粗獷的工業風，就像歐洲的舊式倉庫，多用石材或木頭的堆疊，再加上鋼骨的力學結構，予以穩固支撐。天花板也延伸此一概念，運用木質和鐵件的設計元素，加以延伸到右牆面。圖片提供 © 雅堂空間設計

材質細節。 在刷白單調的天花板上，運用梧桐木皮兩種深淺不一的顏色鋪陳出跳色的美感，再用鋼鐵框住，形成剛與柔的強烈對比。

047

048

048

流明天花板別具科技感 冷調性質的空間，天花板多半都不會做過多裝飾，但設計者一改過往手法，利用玻璃與鐵件勾勒天花板，並使用似天井的設計手法，除了提供室內有效的照明，也讓整體別具現代科技味道。圖片提供 © 大雄設計 Snuper Design

049

049

木框上漆營造鐵件視感 裸露的天花板漆上黑漆，有別於一般工業風天花板的原色呈現，而增添時尚感。包廂區與用餐區之間以木窗框架結合玻璃作為隔間，半開放的形式令空間不顯得侷促，而在內部裝上窗簾，也讓希望擁有隱私而於包廂內用餐的客人不覺得被窺探。圖片提供 © 直學設計

050

不包覆特色強化裸露精神 源自於舊倉庫、舊工廠演變而成的工業風格，強調不過度裝潢、裸露原始結構，因此天花板、管線都以不包覆特色來做呈現，一來維持空間寬闊感，二來也能強化工業風中不過度修飾精神。圖片提供 © 方構制作空間設計

050

⊜ **材質細節。**管線特別刷上油漆，以黑紅兩色呈現，讓視覺多了點玩味，也讓向來硬冷的管線有了不一樣的變化。

⊜ **材質細節。**不加裝額外的天花板，運用原有的水泥模板，不僅呈現原始毛胚的粗獷，與風格恰好搭調，也能有效減少裝修天花板的費用。

051

保留空間最大尺度 在攝影棚中由於必須保留最大挑高與開闊的空間，以因應不同的拍攝主題。因此部分天花板不做滿，裸露出原始水泥模板，與水泥粉光地坪相呼應，挑高尺度和粗獷的質地呈現不拘泥的隨性態度，低調的灰也成為空間中最稱職的底色。圖片提供 © 摩登雅舍室內裝修設計

⊜ **材質細節。**直接露出鐵皮屋頂並增設採光，不假修飾，帶出工廠、倉庫般的空間感。

052

保留原有鐵皮構造打造倉庫工業風 三樓工作室就是原汁原味的工業風，保留原有的鐵皮構造增加實牆的構造，挑高屋頂的空間感呼應由倉庫演變而來的風格架構。圖片提供 © 緯傑設計

053

054

🔘 **材質細節。** 選擇略帶節眼的松木板，營造自然不羈的氣氛。

053+054

鋪貼松木打造倉庫風天花 公共廳區上方鋪貼八尺長的松木天花，模擬倉庫、馬廄的視覺感受，也挹注全室木質特有的輕鬆抒壓感。圖片提供 © 東江齋設計

⊜ **材質細節。**夾層空間使用鍍鋅鐵板結合染色夾板，營造廠房的實用工業感。

055

倉庫風收納夾層 在琴房上方的夾層設計，是住家大型物件的收納區，仿若是真的居家小倉庫，表現出陽剛的氣息，簡單的收納空間，散發濃濃的倉庫工業況味。圖片提供 © 東江齋設計

055

056

裸露天花板保留 280 公分屋高 老房子的高度僅 280 公分，因此捨棄天花板的規劃，必須的投影螢幕、音響、網路線路配置就交由線槽隱藏，讓天花整齊單純。圖片提供 © 彗星設計

⊜ **材質細節。**捨棄天花封板做法保留屋高，只要將管線適當美化，即使外露也是風格的表現。

056

057

057

濃厚 LOFT 風的輕鋼架屋頂 不到 20 年的樓中樓，經過重新整修美化，露出原有的輕鋼架樓板並塗上白漆，成為極具原始 LOFT 倉庫改造概念的代表性設計，所有管線沿鋼架鋪設，軌道燈的設置讓空間具有粗獷氛圍。地面則用磐多魔地坪鋪陳，無縫地面帶來乾淨俐落的視覺感受。圖片提供 ©PMK+Designers

⊜ **材質細節。** 在原有的輕鋼架天花塗上白漆，有效降低只有 2 米 8 屋高的壓迫感，同時在電視牆用水泥色，與 LOFT 的原始不造作的設計風格相契合。

⊜ **材質細節。** 天花漆上水泥色，呈現細膩的灰色塗面，形成絕佳的空間襯底。加上紋理明顯的紅磚牆，為空間提供視覺力度。

058

裸露不修飾的美感 拆除原有廚房隔間，拉大公共空間尺度，天花也不做滿，僅以水泥漆色塗佈，並拉明管連接燈具，不修飾的手法為空間增添裸露的視覺感受。鋪上紅色文化石牆的書牆輔以鏤空的鐵件吊櫃，具穿透感的設計有效突顯底牆紋路。圖片提供 ©PMK+Designers

058

059

木皮包覆勾勒出空間框線 略微刷白的地板，仿舊斑駁的灰白表面與水泥天花恰好呼應，白色明管整齊的排列，展現有秩序的視覺線條，同時以木皮包覆四周天花樑體，勾勒出框線，形塑立體的空間圖像，木質的運用為冷硬的空間增添暖度。圖片提供 ©PMK＋Designers

● **材質細節。**天花板以水泥色略微整理，呈現自然樸實的原始色澤，而牆面則塗上偏黃的漆色，藉此迎入大量晴朗日光。

060

大膽運用黑色天花 在無機質的灰色地面和壁面環繞下，大膽地將裸露不包覆的天花漆成黑色，完整呈現最原始的素材肌理，管線也隨之塗黑，剛硬的金屬與粗糙紋理相映襯，強化了獨特個性的空間。同時揉合了大尺度的線板裝飾牆面，略帶歐風古典意味，有效柔化空間。圖片提供 © 奧立佛室內設計

● **材質細節。**敲除至原始的水泥模板天花出現，並以黑色漆塗佈，加上愛迪生燈泡賦予的時代意義，成為最具風格代表的空間裝飾。

061

淡雅的日式輕工業風 由於在毛胚階段就開始參與設計，為了喜歡日式清簡的屋主，天花維持原始的裸露表面，有秩序的明管塗上白漆，避免視覺過於繁雜。壁面則簡單塗刷，呈現質樸的水泥原色，再運用淺淺的木色創造淡雅的空間氛圍，同時增添臥寢暖意。圖片提供 © 奧立佛室內設計

● **材質細節。**在建設過程中，便直接沿用水泥模板，僅上簡單的保護漆塗佈，並於牆面塗上粉光水泥。

062

透光格柵天花板不假修飾 挑高空間，天花板藉由透光格柵設計引入
自然採光，不特別包覆讓風管畢露，展現率性氣氛。並以白色窗框
意象，對比空間中的黑色鐵件與灰色水泥粉光地坪。圖片提供 © 汎得
設計

🔘 **材質細節。**以木質色澤作為天花板框架，跳脫空間黑白灰的既定印象。

063

🔘 **材質細節。**不想因做天花板而犧牲垂直高度，直接在天花板釘夾板再貼附吸音木纖板，一舉兩得。

063

吸音木纖板粗獷又隔音 考慮老屋隔音問題，又想保留屋高，直接在平釘了夾板的天花板貼上吸音木纖板。吸引木纖板表面的粗糙肌理接續素材不刻意修飾的概念，同時也有良好的隔音效果。圖片提供 © 非關設計

064

065

064+065

通透玻璃夾層降低視覺壓迫 為強化空間坪效，利用 3 米 3 高度規劃出臥房，運用工字鐵的結構使夾層穩固。不讓空間高度顯得過低，在入門處的夾層地板使用強化玻璃呈現通透的透明感，使視覺不顯窄迫。圖片提供 © 方構製作空間設計

066

銀色風管包覆簡單又時尚 誰説工業風都得花大錢量身打造？將貫穿住家的冷氣管線穿上抽風機風管的銀色錫外衣，映襯粉光泥作灰色調天花，便宜又簡單的手法，卻達到意想不到的時尚效果。圖片提供 © 法蘭德設計

066

🔘 **材質細節。**夾層壓縮垂直高度勢必產生壓迫感，利用強化玻璃減輕視覺上的感受。

🔘 **材質細節。**冷氣管線不一定要做天花板才能修飾，使用閃亮銀色風管收整，明著來更搶眼。

067

⊜ **材質細節。**陽台天花板使用 15 公分 ×15 公分的綁筋，作成鐵件收邊的正方格，刻意不上防鏽塗料，期待它隨時間氧化、生鏽更有味道。

067+068

綁筋天花創造臨窗處穿透視覺 臨窗上方的綁筋天花，是將建築用的鋼筋交織成一塊塊鐵件包邊的方型網狀天花、再一一組裝上去，結構建材直接現身室內，帶來穿透的視覺效果、降低貫穿住家橫樑所帶來的壓迫感，還附加偶爾需要晾曬衣服的隱藏版功能。攝影 ©Yvonne

068

069

069
善用鐵件規劃轉屬貓道 結構樑旁邊，以鐵件、實木建構三個分開的層板，成為毛孩子們專屬的通道，牠們可以自在的爬上爬下，也與工業風的設計相呼應。攝影 ©Yvonne

070
意外創作的麻繩鐵架紅酒櫃 吧檯天花板的鐵架懸吊式紅酒櫃，因鐵工師傅未加裝橫桿，於是屋主變通以麻繩綑綁取代鐵桿，為此還特地前往哈瑪星當地船公司購買材料，讓單純的酒櫃鐵架提升成為另類的設計組合。攝影 © 蔡宗昇

⊜ **材質細節。**家有貓咪難免跳上跳下，若有木作天花板容易藏污納垢，裸露式處理加裝開放層板，毛小孩玩得開心，也不需費力清潔。

070

⊜ **材質細節。**鐵件與木質層板子組構的吊櫃，因加入麻繩材質，而有了漂泊瀟灑的風情。

CHAPTER 2

地坪

圖片提供 © KC design studio

071
水泥粉光

(特色) 表面色澤深淺變化與鏝刀痕跡，深具質樸手感的粗獷之美，能打造出新舊交融的後現代風格空間。

(優點) 可打造無接縫地板，清潔容易且沒有施作基礎坪數的限制，材質具毛細孔，自然透氣。

(缺點) 因熱脹冷縮與地震因素，可能會產生微小裂痕。

(工法) 原地板除去後，以水泥砂漿粗底整平，待半乾時，再以不同比例的水泥砂漿攪拌澆置第二層。第二層的細底，白水泥中添加七厘石或金鋼砂，可作為結構性骨材，提升硬度並增加質感，以鏝刀塗抹施作。待乾後拋光研磨，並可上透明防水漆或EPOXY薄層，防止揚塵起砂。

圖片提供 © 隱室設計

072
仿舊木地板

(特色) 具有手作特質，適合工業風等復古風格的空間。

(優點) 不完全平面的表現反而更能帶來真實的踩踏感。

(缺點) 如果是超耐磨地板，會有怕潮濕的問題，實木地板的話，則是易膨脹變形。

(工法) 鋪設地板時，靜音底布與防潮布可二選一，主要也是看地板平整度為何，若平整度不好的話，通常加二層會比較可靠；若是小坪數空間的話，由於防潮布在施工上容易滑動不易固定，因此會建議用靜音底布即可，必須看現場的情況來做決定。

特色 花磚圖案以花卉和抽象幾何的圖形為主流，在空間設計上通常會搭配同系列的素磚讓空間產生多層次的變化。

優點 藝術價值高、花樣變化豐富。

缺點 有潮流的時效性，且價格稍貴。

工法 在壁面或地面的轉角處要精準算入磁磚的厚度後，以磨背斜 45 度切割，才能完美地拼貼出漂亮的花磚，或者直接以轉角磚替代。

073 花磚

圖片提供 © 方構制作空間設計

---

074 抿石子

特色 抿石子是一種泥作手法，將石頭與水泥砂漿混合攪拌後，抹於粗胚牆面或地坪打壓均勻，其厚度約 0.5 ～ 1 公分，依照不同石頭種類與大小色澤變化，展現工業風的粗獷感。

優點 抿石子耐壓效果良好，也較不會如地磚易因熱脹冷縮凸起，而用在外牆也不用擔心剝落等問題。

缺點 縫隙多，清理不易。

工法 抿石子施工前，若是 RC 粗胚必須先以水泥砂打底製作粗體，才能施工；若立面已經水泥粉刷，則必須先打毛，才能施工，否則會有黏著不上去的情形。

圖片提供 © 尚揚理想家空間設計

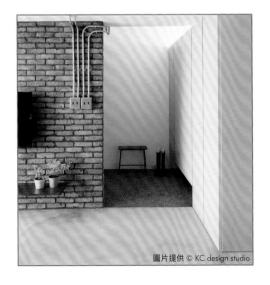

圖片提供 © KC design studio

---

075 磐多魔

特色 有著簡潔與平滑的外貌，無縫的呈現方式可讓空間有放大效果。

優點 為水泥基礎的建材，但沒有水泥大面積易收縮且容易龜裂的缺點。

缺點 易吃色、不耐刮，重物拖拉會造成痕跡，PANDOMO 有毛細孔，為避免水氣或髒污滲入，因此不適合施作於衛浴或有油煙的廚房。

工法 使用機器以砂紙經由四道手續進行拋磨作業，將地板磨出光亮與溫潤的質感，由於機器為原廠配備，並為無水的乾磨，因此不會造成環境污染。施工完成後，材質尚未硬化，需一段養護期，建議完工後不要立刻入住。

076

大筆刷花的泥作斑痕嵌入實木年輪 由於居家女主人喜愛烹飪，因此整個空間設計先以廚房為核心思考。在廚房地板部分，水泥粉光刻意刷抹出歲月的痕跡，更大膽表現斑駁的紋理，並且在地板嵌入數個實木年輪，來作相互呼應，更見自然粗獷的工業味。圖片提供 © 大名設計

⊜ **材質細節。**為了讓素樸的水泥粉光更多變化的趣味，嵌入大小數個實木年輪，小的是台灣檜木，較大而不規則的是柚木。

077

煙燻楓木地板舊料質感 一般家庭多半使用超耐磨海島型木質地板，但因屋主本身指定實木，設計師專程選用 kd 手刮紋木地板，客廳地板質感猶如舊木料，復古情調效果出奇。客廳窗戶也是採用實木百葉窗，採光通透，因而搭配放射燈為主，由於屋主平日的嗜好是看電影，重視燈光效果和氣氛。圖片提供 © 植形空間設計

⊜ **材質細節。**煙燻楓木在木工過程出乎意料地營造不連續的拼貼感，粗獷的工業風帶出濃濃的復古情調。

077

078

⊜ **材質細節。**塑膠地板施作速度快又方便，同時還具防刮特性，就算家中有養寵物也不怕。

079

⊜ **材質細節。**鋪設須留意厚度，切勿過薄，因為過薄影響使用品質且造成易龜裂。

078

仿木紋地板增添空間溫潤感 工業風的居家空間，相較於其他風格較為冰冷，因此在地坪上多會以木地板或添加地毯來平衡調性，本案以仿木紋塑膠地板為主，色澤與肌理皆清晰，增添空間溫潤感。圖片提供 © 邑舍設紀

079

水泥粉光帶出最自然紋理 不失質地本色是工業風格中重要的精神之一，因此在地坪處理上，設計師選用水泥粉光來做呈現，材質本身最終所帶出的紋理都有所不同，把工業風中粗獷、不失本質味道表現得淋漓盡致。圖片提供 © 尚揚理想家空間設計

080

⬤ **材質細節。**優的鋼石地坪是一種德國進口的水泥基底材，較不會有水泥地坪容易產生的龜裂、氣孔等問題，並且止滑耐磨。

080

進口特殊底材呈現平滑水泥質感 由於屋主喜歡水泥感的地坪，因此採用「優的鋼石地坪」完全無接縫的地坪材料，直接覆蓋原本的拋光石英磚，呈現均勻平滑的地坪質感，呼應空間整體風格。圖片提供 ©

只設計部

081

水泥地板提升室內感光度 為了打造出自然 LOFT 風格的都會居宅，設計師以獨特手法將不同元素與材質做混搭，而粉光水泥地板則是融合所有設計物件的重要介面，同時也可藉以反射自然光源，間接提升室內的亮度。圖片提供 © 澄橙設計

⬤ **材質細節。**選用色調較柔和淺白的粉光水泥地板，不僅避免白色空間的色差，也可增加反光性。

082

083

🔘 **材質細節。** 板岩磚不但具備類似天然石材般的自然觸感及紋路，在視覺上與真實石材相仿，有助於提升設計感。

🔘 **材質細節。** 呼應灰泥粉光牆，客浴地板也有抿石子的色調，微小的顆粒可刺激穴道，讓水的療癒更添足下的健康養生。

082

黑色板岩磚具止滑作用 衛浴地板選用板岩磚，具止滑作用，是居家衛浴最需慎思考量的安全材質。設計師選擇灰黑色板岩磚，搭配雅光黑龍頭，以白色磁磚牆為主、黑色板岩磚為輔的配色下，呈現簡潔俐落的時尚摩登感，而且黑龍頭不易留下水痕，亦便於清潔維護。圖片提供 © 日和設計

083

抿石子地板粗獷又舒服 在客浴室淋浴間磁磚顏色的選擇上，延續了公領域較跳色的藍彩。最特別的是用抿石子鋪設的地板，踩起來有舒服的小顆粒，既可避免滑倒，又有助健康。灰鏡玻璃也有細節的講究，在出水孔周遭結合亮面的不鏽鋼和霧面的水泥粉光，把工業風詮釋得更細膩。圖片提供 © 大名設計

材質細節。從客廳地板打磨的煙燻地板延伸走廊到房間，餐廳廚房則是水泥粉光地板，看似無形的牆面，反而具有隔間的效果。

084

084

形同牆面的地板材質隔間 從玄關進門，右側是餐廳，左側是客廳，煙燻木地板和水泥粉光地板構成空間引導，由於建物本身方位格局先天條件佳，完全不用避開門對窗等風水禁忌，而且玄關有出有入，設計師更能放手玩創意，屋樑的打鑿面木板模原形畢露，搭配抽屜櫃等復古傢具展現低調氣質。圖片提供 © 植形空間設計

085

085

低限美學的水泥感地磚 為了符合整體工業感的低調美學風格設定，同時也考量精緻與別緻的設計要求，設計師決定在地面鋪貼以霧灰色調的水泥感磁磚，一來凸顯零裝飾感的設計主軸，同時也降低空間因色彩變化所產生的干擾，可以呈現出更為純粹、低限的設計美學。圖片提供 © 法蘭德設計

材質細節。水泥感的霧灰地磚與粉光水泥牆面形成連結，有助於延伸視覺、放大空間感。

材質細節。加重色調的泥灰色地坪及天花、牆面，使空間更有助於沉澱與療癒情緒。

086

類清水模地坪營造建築感 了解屋主喜歡工業風的純粹設計，設計師刻意在地坪、天花板與牆面上，運用室外塗料作出類清水模的空間感，加上流線塊體造型的天花板與多角度外牆，以及鐵件、玻璃材質的配置，為室內空間營造出建築感，也成功地打造屋主喜歡的工業感空間。圖片提供 © 天空元素設計

087

復古金屬磚為工業風奠基 為了讓主臥浴室展現出屋主期望的工業風格，除了採用矮水泥牆與玻璃建材做隔間設計，讓空間視野更開闊、無拘束，同時水泥粉光牆與仿鏽金屬石英地磚鋪陳則呼應了 LOFT 工業風，為浴室奠定強烈風格基礎。圖片提供 © 優尼客設計

材質細節。極少刻意做裝飾設計的工業風格，不妨可藉用材質的表情來彰顯風格與氛圍。

088

● **材質細節。**從整體空間體驗思考設計，行走的感受一併被考慮，人字鐵板的運用馬上讓人有工業風的聯想。

088

運用人字鐵板輕易表現工廠感 空間以深色調及粗獷的表面處理，地坪也採用工廠才能看到的人字鐵板鋪設，完整表現道地美式硬漢風格。圖片提供 © 隱室設計

089

異材質地板拼接示意分區 為了減少隔間造成的空間分割感與光線阻礙，在走廊與臥室之間採用粉光水泥地與木紋磚的地板拼接做分區暗示，同時也讓私領域在視覺上能有更溫暖的感受。圖片提供 © 澄橙設計

● **材質細節。**從客廳一路延伸至走廊的水泥地板因具反光性而降低廊道陰暗感，並有放大空間的視覺效果。

090

091

⬤ **材質細節。**超耐磨的手繪地板，經過特殊的刷痕處理，留下工業風的歲月痕跡，也清楚表現出小孩房的個性。

⬤ **材質細節。**除了以環氧樹脂材質來覆蓋並保護地坪外，透過植物、磚牆壁紙與暖色燈光的調和，則將冰冷的水泥地板徹底暖化，呈現空間的療癒性格。

090

淺灰斑駁的手繪童趣地板 為還未讀幼稚園的孩子所佈置的房間，牆面一樣有水泥粉光的工業風，且為呼應整體素樸的感覺，舖設了同樣有灰色調的手繪地板，並在刷出斑駁感的質材上畫上各種的童趣圖案，形成整室的焦點，也和黑板的大塗鴉牆營造出豐富有趣的童話世界。圖片提供 © 大名設計

091

暖暖燈光激活地板歲月感 拆除地磚後，設計師刻意讓地板露出水泥斑駁原貌，並藉此呼應天花板上灰色結構性鋼板線條，以及鐵灰色古典線板壁紙、書櫃等元素，說明著多元混搭的豐富空間性格，而彎曲線條的造型欄杆則巧妙地放大地板面積，增加空間立體層次，更有趣的是還可以成為座椅使用。圖片提供 © 懷特設計

092

⬤ **材質細節。**新舊水泥介面接著劑具微細分子，對於水泥有很好的滲透力及黏著性，可避免水分快速流失，而影響品質。

092

拆除地坪水泥粉光重塑質感 將屋宅舊有的結構樓板地坪拆除，並且掃除乾淨，改為水泥粉光材質。程序為上一層新舊水泥接著劑，之後按照一般水泥粉光比例施作，營造出質樸的視覺感，之後再刷上一層水蠟，讓水泥粉光的細紋裂痕降至最低，呈現出自然紋路。圖片提供 © KC design studio

093

🔘 **材質細節。** 地板另外加入硬化劑,將其滲透至地坪材質內,不僅提高硬度,更保留了表面的粉光細膩感,且兼具不易起沙塵的優點。

093

水泥幔面地板紮實光滑 空間為 35 年老屋,地板原是大片老舊磁磚,在拆除磁磚之後,採用鏝光機鋪陳水泥粉光,形成質樸不加修飾的空間地坪;相較於人工塗抹手法,更加節省人力並提高品質,可呈現較紮實的光滑視感,並減少材質肌理中的毛細孔。圖片提供 © RENODECO Inc.

94

淺灰木地板微調室內光感 為了避免泥作天花板與牆面的色調太過濃重，木地板選擇淺灰色調，並搭配廚房開窗設計，好讓室內可納入更多自然光源，同時在窗戶前配置厚實窗簾，方便屋主彈性地調節室內採光與阻隔噪音。圖片提供 © 澄橙設計

● **材質細節** • 淺灰色調的木地板既可融入水泥空間色彩，另一方面也具有調節採光的作用。

94

095

🔵 **材質細節。**粉光水泥原色與粗獷的木質色調形成深淺層次，輝映出自然純粹感。

095

前衛時尚的工業感臥室 身為室內設計師的屋主，將公領域的工業風格調性延續至私密空間，除了在牆面運用水泥粉光來營造純粹寧靜感，地坪上則以染黑的木紋色調鋪陳出工業風的視覺，搭配老柚木床架讓臥室帶出前衛、時尚的工業感。圖片提供 © 優尼客設計

096

複合材質地坪打造空間平面層次 運用質樸的材質傳遞餐廳的健康飲食理念，地坪除了採用粉光水泥外，在靠窗的部分座位區以打包箱的木材鋪設，以劃分不同空間區域。圖片提供 © 隱室設計

🔵 **材質細節。**利用運送傢具或者怕碰撞物品所使用的打包木箱板，並不刻意挑選材質及木紋，混合不同雜木更能拼出多變地板紋理。

097

材質細節。洗白的灰色調超耐磨地板，讓空間在無色彩之中仍能保有木紋感，促使整體畫面更有筆觸與細節美感。

097

灰紋地板醞釀未來設計感 刻意淡化的地板色調與白色天花板上下呼應，讓空間色彩更趨近於未來感的設計主軸，並可讓視覺更聚焦於空間立面；而在通透的格局中則安排有 1:1 與人等高的鋼鐵機器人、鮮黃色門框與書牆壁紙等豐富元素，讓生活充滿新舊交錯的設計趣味。圖片提供 © 懷特設計

098

粗獷牆面質感表現空間質樸性格
空間直接以板模混凝土牆面表現出未完成的粗獷感，其他空間則以未上漆的回收舊木打造隔間牆面，使空間流露原始的質樸感。圖片提供 © 隱室設計

🔵 **材質細節。**混凝土具有高可塑性，表面會隨著不同的板模有多變的呈現，板模價格便宜，是泥作工程最常用的的一種。

🔵 **材質細節。**玄關的灰色地坪為鑿面百岩磚，比客廳的拋光石英磚地板低 3 ～ 4 公分，恰好作出領域切分。

🔵 **材質細節。**地坪選用拋光石英磚材質，質地堅固，同時也好維護。

099

地坪磁磚成就灰調襯托傢飾 將玄關與客廳作出區隔，成為一道讓視覺延伸的廊道端景，地板重新打掉，鋪陳呼應牆面的灰色新磚，同時在懸吊鞋櫃旁，加裝紫色麻棉材質窗簾；在一大片低彩度之中，色彩飽滿的軟件織品立即跳色而出，展現出屋主品味與風格。圖片提供 ©RENODECO Inc.

100

拋光石英磚演繹俐落冷調 空間地坪以拋光石英磚為主，米黃色系並特別加強磚的收邊處理，讓整個地坪看起來乾淨、簡潔，呈現出一種俐落的冷調，有別以往工業風的印象。圖片提供 © 邑舍設紀

101

⊜ **材質細節。**空間鋪設完 PANDOMO 後，建議最好給予 3～7 天的養護期，以提升材質的穩定度。

101

無接縫地材創造一致性美感 公共區域地坪以 PANDOMO 材質為主，其無接縫特色，能夠替地板創造出一致性美麗外，表面擁有自然氣孔及紋理，增添工業風中必備的手工質感要素。圖片提供 © 尚揚理想家空間設計

102

利用木地板加入軟性情感 餐廳區部分地板明顯與客廳有所不同，特別在該區使用超耐磨木地板，藉由木頭溫潤的色調與肌理，替冷調空間注入溫暖，也加進些許的軟性情感。圖片提供 © 威爾室內設計

⊜ **材質細節。**木地板與牆面之間的材質不同，須特別留意收邊處理，才不會有不吻合、無法銜接的情況產生。

102

材質細節。刻意將空間元素簡化，以便凸顯出每一種建材的純粹與美麗。

103

美感深蘊的山形木地板 在這件特色文具店內，除以工業風建築融合美式輕鄉村風木作設計，另外運用山形拼貼的木地板呈現出底蘊深厚的穩重感，再與木櫃及鐵件打造的手感氛圍相輔相成，完全襯托出商品氣質。圖片提供 © 澄橙設計

材質細節。以工字鐵加強夾層結構，並以強化玻璃鋪陳，讓空間變得通透。

104

玻璃夾層維持空間通透感 利用 3 米 3 的高度，在空間中另做夾層作為臥房使用。而夾層刻意不做滿，客廳維持原有的高度，視覺都能向上或向外延伸，空間不顯壓迫。圖片提供 © 方構制作空間設計

105

105

木紋紋理懷舊輕工業風 帶有濃厚 LOFT 風的美宅空間，設計師挑選木紋紋理圖案的地板，營造輕工業風的溫潤氣息，牆面加上層板、櫃體，讓屋主可以擺上物件、收藏，堆疊的行李箱同時是置物櫃，恰到好處的選色與搭配，更使空間瀰漫著一股時下文青的個性品味。圖片提供 © 築鼎視覺空間設計

● **材質細節。**木紋地板色澤溫潤，易於呈現懷舊感，搭配牆面的掛鐘偏工業風，行李箱收納櫃更能凸顯工業風重點。

● **材質細節。**為了呈現復古感，希望有更立體的紋路，表現出多節點的粗獷和顏色的豐富，於是捨實木而取更具有舊木味道的塑膠地板。

106

多節點多層次顏色的仿舊木地板 一道紅褐色的磚牆，散發濃濃的台灣味，另一側的落地窗也不掛上傳統式的窗簾，而改以穀倉造型的貼木拉門。當拼貼的木門拉上時，即營造出一股往日情懷，特別是在立體木紋地板上，搭配了工業用的纏線滾軸所做成的茶几，更流露出質樸溫暖的鄉村情調。圖片提供 © 雅堂空間設計

106

107

⊜ **材質細節。**相異材質交互呈現，在拼貼上採取同一方向性，減少視覺干擾，達到另一種穩定度呈現。

108

107

相異材質互用創造衝突效果 工業風裡常見使用相異、具對比性質的材質，藉由不同質地創造衝突火花，可以看到空間裡部分使用磁磚，另一部分則是超耐磨木地板，色調同屬深色調性不覺得突兀，反而藉由質感帶給人視覺上的玩味。圖片提供 © 大雄設計 Snuper Design

108

地磚與陽光平行，拉長空間視覺 狹小的空間中，設計師刻意變換地磚的排列方向，與陽光的入射方向平行，視覺沿著地磚從大門延伸至陽台，同時採用長形的電視櫃，延續橫長的空間比例，拉長空間線條。圖片提供 © 方構制作空間設計

⊜ **材質細節。**地面選用略帶煙燻感的淺色木紋磚鋪陳，展現復古情調，而磚面從客廳一路延伸至衛浴，全室鋪陳的效果，則帶來無切割的視覺。

109

仿鏽地板溫潤而不冰冷 因作為孝親房,故在原有的拋光地板,直接貼附仿鏽地板,成為止滑的無障礙空間。原有的廁所門外再拉上穀倉造型的松木門,既可美化,又可運用拉門的鐵件軌道作為上腰帶的線板,並往下延伸到電視牆上的鐵件設計,將管線巧妙收納其中而成為牆面的裝飾。圖片提供 © 雅堂空間設計

材質細節。仿鐵鏽的塑膠地板,具有溫潤感,其顆粒狀的凸起物亦經過倒圓處理,不刮腳,又可止滑,同時具有工業的古舊元素。

110

木料地板象徵另類原始質感 空間中的地坪材質主要以超耐磨木地板為主,選擇帶有獨特肌理的款式,表面不做過多處理,象徵原始質感外,使居家空間更富溫馨、舒適之氛圍。圖片提供 © 大雄設計 Snuper Design

材質細節。木地板以一字型拼貼為主,結合深淺不一的色彩,製造微微錯落效果。

111

線條俐落的ㄇ型黑鐵階梯 階梯運用黑鐵板折呈ㄇ字型，不僅呈現線條例落的簡潔造型，也與空間素材相呼應。嵌入牆面的設計，則強化承重力，保證踩踏無慮。圖片提供 © 方構制作空間設計

材質細節。 黑鐵材質的運用則延續階梯、夾層的金屬風格。一貫的無彩度設計，呈現明快俐落的空間調性。

111

112

淺灰的木地板襯托實木傢具的質感 三十多年的華廈中古屋，原本是 32 坪的多角形格局，因此重新規劃打開所有的隔間之後，再以玻璃材質和開放式的穿透設計，讓空間顯得更加寬敞，並運用斜紋木地板和傢具的錯落擺放，消弭多角度的不舒服感，反而更能營造出隨性自在的輕鬆調性，讓老屋也散發出現代感。圖片提供 © 慕澤設計

⊜ **材質細節。** 因與父母同住，鋪設超耐磨的木地板，淺灰色調也讓空間更明亮，斜向 45 度角貼法的木紋則可修飾多角邊的空間。

113

西班牙花磚突顯精神更作界定 廚房區上方置物架鮮豔有型，鐵管組合洞洞板並漆上桃紅色，活潑個性躍然而出，走道使用僅次於義大利磚的西班牙進口花磚，與用餐區的木皮地板作出界定，而整個空間由裡至外一致的表情，無一不展露西班牙的精神與風貌。圖片提供 © 直學設計

⊜ **材質細節。** 為了讓大眾也能接受給人印象較為冷調的工業風設計，鮮豔的配色即是成功的關鍵。

114

材質細節。讓水泥板模成為風格基礎定調，再以橡木實木配上舊式的「人字拼」工法替空間注入裝飾，交融出一種衝突的和諧。

114

平面與立面的素材串聯 住家內沒有玄關，但透過水泥粉光與人字拼實木地板界定出內外的差別。入口右側是成列的角鋼架開放櫃一路通往浴廁；透過線性的切割，讓素材能在平面和立面交相穿插。圖片提供 © 裏心設計

115

復古花磚增添懷舊味道 衛浴中的地坪利用花磚拼接，值得注意的是，衛浴中的浴缸也特別獨立出來，簡潔、乾淨的色系與造型，既不破壞整體味道，還強化了復古感。圖片提供 © 方構制作空間設計

材質細節。運用帶有復古圖騰與色彩的花磚，以不規則拼貼方式呈現於地坪或牆面，藉由自身特色帶出懷舊味道。

116

● **材質細節。**地板及牆壁是由師傅手工 完水泥的水泥粉光層，並未再打磨，只加上一層保護層 DR66。

116

水泥降溫讓空間開闊清爽 工業風強調回歸原始自然，將地磚換成水泥粉光地板，整體空間觀感較為簡潔，質樸素面別有一番老屋懷舊感，女主人更認為比起地磚更好清潔。攝影 © 蔡宗昇

117

水泥粉光＋木地板，增添空間層次 商業空間內的產品多為女性使用，因此設計師以「細緻工業風」為設計理念，強調細膩的空間設計，地面以水泥粉光結合木質地板，輔以具質感的白磚牆面，讓空間層次更加豐富，新產品與舊空間的對比也會更加強烈。圖片提供 © 鄭士傑室內設計

117

● **材質細節。**由於木材吸水會損毀，因此地板施工時需先以一般夾板打樣替代，待水泥風乾後取出替代夾板，再將挑選的實木板崁入已完成的水泥中；特別需注意水泥與木板的高度。

118

水泥地＋黑鐵梯，粗獷設計美學 工地面為原始水泥地板，呈現不修邊幅的空間質感。黑鐵製作的懸空樓梯，底下有龍骨固定確保使用安全，懸空設計讓空間更清爽，設計師在扶手設計上也做出不同嘗試，他設計向上彎曲的扶手，不僅獨樹一格，增添趣味效果，也延伸了視覺動線。圖片提供 © 鄭士傑室內設計

118

🔘 **材質細節。**原始水泥地板與黑鐵製作而成的懸空樓梯，上頭的鏽蝕感強化了工業風的概念，與工業風傢飾達到完美結合。

119

小型馬賽克磚，增添視覺層次感 以灰色的馬賽克磚為地坪主體，增添空間的細節成分，搭配具生活感的木箱、造景擺設，讓空間的生活感更為強烈。圖片提供 © 鄭士傑室內設計

119

🔘 **材質細節。**6x6 公分的細膩拼貼馬賽克磚，搭配粗獷的水泥粉光柱體，在以灰色為主體的用餐空間中，呈現獨特的視覺效果。

◉ **材質細節。**木地板與水泥結合的工程不易處理，必須先放製假的木地板，待水泥風乾後再放置真正的木地板，整體的高度也必須一致，在工法的處理上有一定的困難度。

120

木條＋水泥，混搭讓空間更有味 地板以木條與水泥交錯設計，呈現饒富趣味的混搭特色，牆面另外刷上一條油漆，為生硬的空間增添幾許娛樂效果。圖片提供 © 鄭士傑室內設計

121

水泥粉光地板，愈用愈有味道 餐廳地面容易受油漬、腳印產生髒亂感受，設計師以大面積的水泥粉光處理，不僅耐刮止滑，水泥粉光也會隨時間更替而更顯歷史風情。圖片提供 © 禾方設計

◉ **材質細節。**水泥粉光的粉刷效果，隨著頻繁使用會產生粗獷的紋路效果。

122

⏺ **材質細節。** 環亞樹脂有反光、耐踩踏的優點,在人來人往的昏暗酒吧裡更能保持光亮與清潔度。

⏺ **材質細節。** 花磚施工時必須確定哪些部份需要打掉、哪些部份需要留下,將花磚與水泥粉光結合時,必須考慮兩者的銜接度與比例,才能達到空間的平衡。

122

黑色環亞樹脂 增添空間亮度 由於酒吧光線偏暗,加上人潮易擁擠,水泥地面經長時間的踩踏容易產生粉末,因此設計師選用黑色亮面的環亞樹脂,透過光線的反射,增添空間的亮度。圖片提供 © 京璽國際股份有限公司

123

特色花磚,呈現台南在地風情 業主喜歡台南在地的建築特色,因此設計師保留空間原有的黃色、黑紅花磚,將傳統的花磚與現代粗獷的水泥粉光結合,並在花磚留下的位置上方擺上桌椅及商品,看起來彷彿地毯一般,賦予花磚特殊的空間設計意義。圖片提供 © 鄭士傑室內設計

124

● **材質細節。** 空間施作無法複製的水泥粉光地坪，表面紋路皆是獨一無二。另以帶有鏽斑花紋的木紋磚，呼應斑駁自然的水泥元素。

124

水泥地坪奠定風格基礎 作為攝影用途的工作室，將大部分的空間以水泥粉光地板鋪陳，隨機的地坪花紋呈現視覺的律動感，也為整體空間定下風格調性。吧檯和會議區地面改以鏽銅木紋磚，不僅可強化氛圍，也有界定空間之用。圖片提供 © 摩登雅舍室內裝修設計

125

強烈風格地磚凝聚成視覺重心 為了延續空間中一貫的工業風格，除了使用水泥地坪外，入門的會議區選用仿舊的鏽銅木紋磚，每塊皆不相同的斑雜木紋更帶來紛雜錯落的律動感，意圖呈現強烈的視覺感受，將此塊區域圍塑成極具特色的空間重心。圖片提供 © 摩登雅舍室內裝修設計

● **材質細節。** 運用極具工業風格特色的鏽銅木紋磚，展現驚艷的風格感受，不規則的紋路交錯，讓空間更有味道。

126

● **材質細節。**利用地坪材質界定空間屬性,也用藉由不同質感花色的磚材,呈現空間的獨特氛圍。

127

126+127

木紋地磚演繹仿舊斑駁質感 公共廳區採用開放式設計,使用地坪材質變化作為機能過渡的隱性區隔。玄關地面鋪貼長條型仿舊木紋磚,到了餐廳就換成花磚地坪,與一邊客廳的拋光石英磚相區隔。圖片提供 © 東江齋設計

材質細節。 除了粉光水泥的地坪和牆面，特別的是，天花是以木作打造而成，並用油漆塗上水泥色，藉此統一空間色調，卻也不失隱藏管線的機能性。

128

天地壁同調的冷色空間 在衛浴空間中延續一貫的工業風調性，不論是牆面或地坪皆選用水泥粉光鋪陳，呈現原始斑駁的自然元素。為避免灰色容易過於冷調，選擇略帶仿白花紋的美耐板浴櫃中和調性，同時在濕區選用深色的馬賽克磁磚有效界定空間。圖片提供 ©PMK+Designers

129

復古花磚營造繽紛視覺 承襲主空間的工業風格，在衛浴空間中選用具有復古設計圖案的地磚，繽紛的幾何圖案展現豐富的視覺效果，牆面則用鐵道磚鋪陳，兩者融合營造出復古懷舊的氛圍。鏡面以黑色木作框邊，勾勒出俐落線條，拉長的鏡面成為空間特色之一。圖片提供 ©PMK+Designers

材質細節。 藍色的復古幾何地磚成為凝塑空間風格的主要元素，另外再輔以鐵道磚、木製門框強化懷舊氛圍。

🔘 **材質細節。**刻意選用機器灌漿、人工手磨的粉光水泥地板，不僅水泥分布的均勻度高，經過手工打磨的表面展現更為細緻的地坪風貌。

130

細膩紋路作為空間襯底 在不造作、自然的設計主張下，以工業風為起點，地面選擇高質感的水泥粉光，細膩的紋路呈現原始的素材肌理。兩側除了刻意打毛部分牆面，也用線板裝飾，意圖納入不同風格讓空間視覺更為豐富，同時也希望能柔和剛硬的工業線條。圖片提供 © 奧立佛室內設計

131

創造統一視覺的金屬地坪 延伸原有的金屬台階，以帶有金屬感的塑膠地磚鋪設騎樓，藉此統一調性，大面積的金屬紋地坪，搭配草綠色的貨櫃鐵門，強化工業風特有的粗獷印象。煙燻般的木質素材在天花和入門牆面點綴暖化空間，同時大面的玻璃窗景則帶來人氣駐足停留。圖片提供 © 奧立佛室內設計

🔘 **材質細節。**運用最經濟實惠的金屬感塑膠地磚鋪設騎樓，除了創造強烈的視覺印象，也能有效節省費用。

◉ **材質細節。**選用花樣不一的復古花磚拼接，展現具有活力的視覺躍動，也是整體空間中最具顏色的焦點。

132

立於聚光燈下的焦點 延續室內搖滾金屬風的調性，水泥地坪向外延伸鋪展，為騎樓奠下風格基礎，並將復古花磚鋪設其中，巧妙運用燈光讓磚面成為最亮眼的主角，吸引路人目光。而四周柱體和招牌底板選用黑色，恰與店名燈泡形成強烈的視覺對比。圖片提供 © 奧立佛室內設計

133

人字地板勾勒豐富視覺 在迎光的書房中，一道復古磚牆佇立其中，人字拼貼而成的地板則強化了設計語彙，為整體空間奠定出強烈的歐式風格。人字錯落的拼接形成視覺的躍動，為空間注入活力。與磚牆相對的是象徵大地的草綠色牆面，則呼應了原始自然的空間素材。圖片提供 © 奧立佛室內設計

◉ **材質細節。**選用深淺交錯的柚木地板，再搭配粗獷的磚牆，便勾勒出清晰的視覺紋理。

134

仿舊地板奠定輕工業風的基底 環繞在裸露的水泥天花之下，粗糙的表面紋理，圍塑出自然不造作空間調性。與之相對的地面，則運用刷白仿舊的木地板，略微復古的味道中和了冷硬的天花材質，同時選用清淺的木色，交織出日式輕工業風的絕妙混搭。圖片提供 © 奧立佛室內設計

135

加高地坪界定包廂空間 因應商業空間的使用型態，利用水泥地板再加高結合清玻璃的手法，界定獨立區塊。周邊地坪鋪設花磚，再以杉木用穀倉門式設計會議室門片，一來讓彩度變化更豐富，二來也利用木質調合磚和水泥的冰冷感，創造舒適的飲食氣氛。圖片提供 © 汎得設計

⊜ **材質細節。** 臥房空間大量運用木質、鐵件、水泥三種元素交錯，配合水泥的原色，木質也選用略微灰白的色系來平衡視覺。

134

135

⊜ **材質細節。** 花磚的色調搭配水泥色彩，提供空間變化又不會顯得雜亂。

材質細節。不對花的山形木紋，呈現樹木成長的軌跡，自然原始展露粗獷本色。

136

136

山形木紋地板加入自然暖意 工業風空間不見得一定要用水泥才能呈現粗獷效果，溫暖的木素材，只要選擇紋理粗獷的款式，也能達到想要的個性化效果。圖片提供 ©Fü 丰巢大安概念店

137

有如舊木料拼組而成的地板 特意選用印有英文字的超耐磨木地板，有如回收棧板木料的仿舊效果，仿真程度近乎 100，又有規格化產品的便利。攝影 ©Yvonne

137

材質細節。超耐磨木地板顏色紋路選擇多樣，也有做出鋼刷或紋理的款式，仿舊處理款頗能營造歐洲小公寓的情調。

材質細節。60X60 公分的大片灰色霧面石英磚，表面質樸的肌理，也能為空間帶來自然粗獷的氣氛。

138

尋常磚材鋪陳空間氣氛 霧面石英磚選用近似水泥色系的款式，填縫也用相近色，就能創造出質樸本然的空間背景。盡頭爬梯造型的鐵件隔屏架，取代實牆，只要利用簡單的 S 掛鉤五金，就能成為背包、衣物懸吊收納的地方。圖片提供 © 東江齋設計

139

肌理強烈的水泥地坪 因應商業空間的使用型態，利用水泥地板再加高結合清玻璃的手法，界定獨立區塊。周邊地坪鋪設花磚，再以杉木用穀倉門式設計會議室門片，一來讓彩度變化更豐富，二來也利用木質調合磚和水泥的冰冷感，創造舒適的飲食氣氛。圖片提供 © 江建勳

材質細節。水泥粉光可以平滑也可以粗糙，端看你想要什麼樣的效果。

140

● **材質細節。** 早期有些老屋地坪是以黑白雙色石材鋪陳，不妨拋光保留。運用菱格紋地毯也能創造近似效果。

140

黑白地坪打造經典懷舊感 喜歡藝術感濃厚一點的工業風，不防為空間注入一點故事感，地面可用菱形地磚拼組鋪陳，擺設復古桌、鐵鏽立燈、工業鐵櫃，簡單的三元素也能製造跨時代的電影場景。圖片提供 © 江建勳

141

磨石子地坪帶入懷舊工業感 早年公寓住宅常見的磨石子地坪，總給人懷舊的感受。保留看似落伍過氣的地板，重新賦予空間自然恬淡的氣氛，並以金屬工業感傢具燈飾妝點，更呈現出屋主生活獨一無二的魅力。圖片提供 © 江建勳

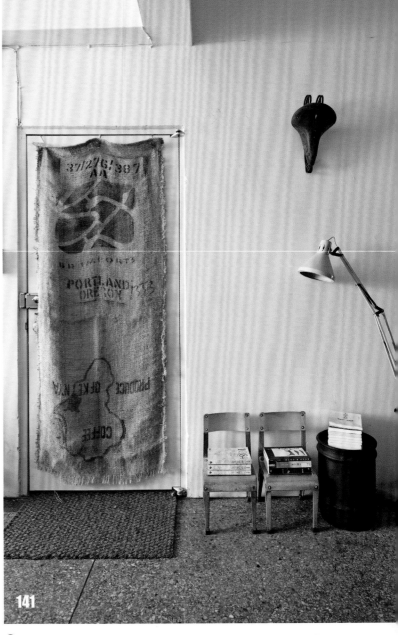

141

● **材質細節。** 磨石子地板若不平或破損，可再次打磨即可恢復平整。

142

🌀 **材質細節。**地面選用略帶煙燻感的淺色木紋磚鋪陳，展現復古情調。

142

煙燻淺色木紋磚放大空感 由於僅有一面採光，將機能性的廚房、衛浴和櫃體向兩側牆面收整，留出中央空間讓陽光進入。地磚從客廳一路延伸至衛浴，全室鋪陳的效果，則帶來無切割的視覺，小坪數空間呈現一致的整體感。圖片提供 © 方構製作空間設計

143

隨機拼組自然風木地板 使用木種、顏色不同的集成木地板，直直橫橫拼組出幾何花紋圖騰，搭配有如剛拆板模的水泥牆面，工業感立現。圖片提供 © 隱室設計

143

🌀 **材質細節。**板材寬窄不一，更能顯現非規格化的自然隨興，深淺混搭原色呈現。

CHAPTER 3

牆 面

圖片提供 © 法蘭德室內設計

144 仿清水模

特色 能擁有和清水模近乎一致的質樸感，而且不會失敗。

優點 施工前可打樣確定風格及色澤，價格較清水模低。

缺點 易碎，不適合用在地面。

工法 適用於任何底材，厚度亦只有 0.3mm，不會造成建築結構的負擔，廠商還可依喜好於表面打孔、畫出木紋樣式、製作氣泡、溢漿、溝縫等效果，施作後的效果與灌注清水模極為類似。

圖片提供 © 隱室設計

145 二手木材

特色 價格比全新木材便宜個三到五成，呈現出來的效果比起仿舊處理更有味道，也切合永續利用的環保觀念。

優點 二手木多半是舊門板、房屋樑柱回收拆卸下來的木材，木種有台灣紅檜、肖楠、福杉、台灣杉，都是僅被油漆或是木膠黏過，不然有機混合物和防腐劑。

缺點 二手木材必須再整理，運用於裝修上會比使用新木材花更多的時間，另外，由於木材的品質不一，需要仔細觀察木料的表面是否有泡過水的痕跡，避免買回去後，因腐壞而不堪久用。

工法 二手回收舊木材表面通常會有髒汙、粗糙、有釘孔，挑選二手木材時必須多看多注意；而表面髒汙及粗糙可以用砂紙機、電刨來處理。

圖片提供 © 天空元素設計

圖片提供 © 大湖森室內設計

146 磚牆

特色 不加以修飾的做法，不只粗野狂放的感覺在空間中彌漫，還表達出一種不需遮掩的率性感受。

優點 裸露磚牆壁面、樑柱等做法，形成一種冷冽與粗獷味道。

缺點 文化石與陶磚易卡髒汙，需要勤清理。

工法 在現代空間牆面也會採用直接以陶磚砌牆或是貼覆帶有仿磚質感的文化石處理，又或者刻意將原牆的表層打掉直接露出紅磚。

147 鐵件

特色 工業風多以耐用的鐵、銅等金屬材質，質感和造型較為粗獷，衍生至現代也常見以鐵件打造牆面或是隔間，具有金屬建材共通的優點且價格相對較低。

優點 承重力、支撐力很強大，也可以做得比木作更為輕薄。

缺點 很容易生鏽，需做好防鏽處理。

工法 鐵件的焊接，通常比較適合電銲，在上漆或鍍膜之前都必須清除鐵鏽或油污。否則會降低漆膜的附著力，鐵鏽也會在漆膜下方繼續侵蝕而導致脫漆。

148 仿舊壁紙

圖片提供 © 拾雅客設計

特色 工業風具有不造作與陳舊特徵，為了仿效這樣的感覺，不見得要把牆面敲除，或是用水泥粉光，現在還有仿磚感、仿斑駁、仿水泥等壁紙可運用。

優點 仿舊圖騰的樣式選擇多，施工快速且方便，而且可以隨時更換。

缺點 不適用在浴室等潮濕的地方。

工法 貼上之前一定要先處理好牆面漏水、壁癌等問題，牆面的平整度也需平整，才能延長壁紙的壽命。

149

深邃文化石牆穩定重心 樓中樓空間格局具有挑高的先天優勢，展現放大尺度空間感受，在挑空的空間主牆利用偏灰黑色的文化石鋪陳，深邃的顏色穩定空間重心，鏤空的鐵件樓梯則帶出獨具工業風特色的金屬感，明管天花板設計，則有無造作的LOFT粗獷風味。圖片提供 ©PMK＋Designers

150

深刻紋理創造視覺驚艷 整體空間以獨特且強烈的美式風格為發想，運用波浪板展現深刻的紋理，金屬的質感呈現冷冽的現代風格。鐵件和繩索的運用不僅圍塑出吧檯領域，且狂野的西部牛仔形象油然而生，展現令人驚艷的空間氛圍。圖片提供 © 奧立佛室內設計

149

● **材質細節。**細膩安排文化石牆的色系，同時搭配超耐磨地板和磐多磨地坪區分空間界線，展現不同材質的多元面貌。

150

● **材質細節。**吧檯表面運用原色的彎曲板展現特殊的視覺效果，再配上染深的松木檯面，使色調一致。

151

英式小酒窖的復古意象 由於屋主想要擁有自己的獨立書房，並且與其他簡單乾淨的風格設計做區別，便運用深色磚牆作為空間主牆，中央嵌入的拱型酒櫃巧妙暗示出英式的歐風味道，再加上復古壁燈的點綴，呈現宛如進入酒窖般的奇幻意象。圖片提供 © 奧立佛室內設計

152

多元材質豐富牆面 由於咖啡廳格局較為狹長，因此將座位和機能區分別沿牆設立，創造中央動線。為了讓空間更為突出，座位區的牆面則運用文化石搭配松木染色座椅，創造溫潤的美式風格，而另一側則用二手木拼接牆面，視線所及皆能創造矚目焦點，呈現多元風貌。圖片提供 © 奧立佛室內設計

⊜ **材質細節。** 選擇偏紅的文化石磚牆，凝塑出復古意味，拱型的設計語彙則強化了歐風的情境氛圍。

⊜ **材質細節。** 分別運用二手木和文化石創造特色牆面，深淺不一的組合排列創造出視覺的律動感。

153

● **材質細節**。電視牆因木材大小不一，木工相當費工，但陽光照在舊木料上，顯現粗獷工業風的細膩之處。

153

舊木料不規則拼貼電視牆 電視牆是屋主親自到上興舊木材行現場挑選的舊木料,再由木工拼貼組成,搭配復古行李箱以及沙發,讓客廳看似各自單獨成區,卻不顯得紊亂。窗邊的水泥櫃採取灌漿製成,水泥櫃多半使用在商業空間,但屋主主動提出此一設計,整體客廳效果的前衛設計更加突出。圖片提供 © 植形空間設計

154

活動黑板記註機能使用 三片活動黑板就是區隔主臥和公共廳區的活動牆,平常可充當屋主的記事板,設計師在完工後,還貼心附上了「房屋使用說明」在黑板牆上,無論看電影、玩 Kinect 體感遊戲、練瑜珈、親朋好友聚會、活動客房,皆有了周全的因應計畫。圖片提供 © 日和設計

154

⊜ **材質細節。**黑板上有設計師親手繪製的住家機能使用說明,A、B、C、D 四種排列組合。

155

⬤ **材質細節。**開放式書牆與地板隨處散置的書物不似傳統窗明几淨的印象，卻有不拘小節的工作感，傳達出 LOFT 精神。

155

輕裝修創造藍牆自由感 因應屋主習慣，客廳未設電視牆，而改以收納櫃取代，至於沙發背牆則以藍色鋪底，再運用鐵件架構與木層板規畫作長型收納櫃來擺放 CD、書籍等，擺脫了公式化的客廳格局，而由白色天花板、木書櫃、木地板等營造出輕裝修的自由感。圖片提供 © 天空元素設計

156

泥色堅持的純粹空間 無色彩修飾的水泥牆面，加上刻意不封板而裸露出大樑線條的天花板，這種純色堅持為此空間建立了更明確的建築結構感，同時對屋主而言則是傳達出忠於原味的生活信仰，讓家有了不一樣的態度。圖片提供 © 法蘭德設計

156

⬤ **材質細節。**將建材視為設計的主角，從地板、牆面到天花板均採粉光水泥的工法打造，呈現出均一材質的純粹美感。

🖤 **材質細節。** 筆直的剛性線條與剝落顯舊的磚牆恰成最迷人的反差設計。

157

磚牆與鐵件的新舊融合 設計師以舊倉庫建築既有的高牆與斑駁磚牆外觀作為設計主軸，在門口與外觀加入工業風的大型鐵柱與大片窗戶設計，營造出既個性又寧靜沉穩的商店門面，呈現新舊融合的人文美。圖片提供 © 澄橙設計

158

⊜ **材質細節**。在牆面預先安裝預埋鐵件噴漆，在牆上配置展示層板，注入收納機能。

159

⊜ **材質細節**。燈飾為彈性設計，可隨意做出長度、方位的調整，並將插座、開關電路管線等隱藏於牆體內。

160

材質細節。燈飾為彈性設計，可隨意做出長度、方位的調整，並將插座、開關電路管線等隱藏於牆體內。

158

黑白花磚地板摩登有層次 採用六角蜂巢花磚鋪陳餐廳的地板，界定出用餐區域，並將瓷磚從地板一路拼貼至吧檯與牆面，形成餐廚空間的特色背景牆；透過黑白對比色調，呈現摩登感居家風格，搭配跳色醒目的傢具，在工業風格中創造視覺亮點。圖片提供 © KC design studio

159

工業燈飾嵌牆彰顯個性 臥房床頭板為木作設計，並在後方貼合一塊仿清水模牆面，不僅呼應質樸、粗獷的工業感，更因材質好清理，增添了起居的舒適方便性，而壓低的檯面線條即成了置物展示平台，同時也在牆的兩側嵌置金屬床頭燈，深具個性感與實用性。圖片提供 © RENODECO Inc.

160

水泥牆面 營造休閒角落 餐廳角落空間透過 L 型木桌圍塑吧檯，並在挑高天花板上懸吊大小、長短不一的造型吊燈，於空中形成垂墜美感，同時讓光影投射於灰牆，搭配具美式風情的英文掛畫，及嵌在牆體的展示層架，讓粗獷角落瞬間變得具休閒風情。圖片提供 © 潘子皓設計

161

鐵件＋木作壁面變身空中書牆 由於屋主期盼能善加利用空間，設計者便在書桌以上的空間，運用鐵件作為結構支撐，再利用木作砌出一道書牆，環境中不但創造出空間走廊，也增添書牆機能。圖片提供 © 邑舍設紀

162

軟質的布沙發平衡磚牆的粗獷 為展現工業風的基調，把客廳大牆留下打除表面的痕跡，從磚、粗胚到細胚，可以看到整個工程基礎施作的意念，再用水泥和白色油漆作不規則的塗抹，呈現斑駁懷舊的意象，並擷取法國龐畢度中心的外露管線設計，將天花板的管線用不鏽鋼管包覆後，集結裝置成特別的設計，讓白色牆壁也有創意的驚喜。圖片提供 © 思嘉創意設計

⊜ **材質細節。**書牆以木作為主，分別以貼皮、烤漆為輔，製造顏色與質地的變化。

⊜ **材質細節。**相對於粗獷頹舊的大地色系磚牆，柔軟的白色長沙發，顯得極簡而優雅，再擺放幾個跳色的抱枕。

🔘 **材質細節。**鋪設材質時以單一面為主，不顯復雜，也能成功創造焦點。

🔘 **材質細節。**貼上進口的仿舊壁紙，讓空間瀰漫出歐洲古老的氛圍，和台灣味的水泥板、現代感的廚具，充滿工業的混搭精神。

163

洗石子＋花磚衛浴別具特色 主臥室裡的衛浴使用了不同的壁面材質，一部分是洗石子，一部分則是仿清花瓷磚，由於材質本身就充滿味道，彼此相互融於空間之間，讓衛浴更具視覺特色。圖片提供 © 尚揚理想家空間設計

164

廚房主題牆貼上歐洲復古壁紙 在廚房的完整牆面，貼上仿舊壁紙，呈現如歐洲古堡的圖騰，以及斑駁剝落的痕跡，讓這面牆有了強烈的視覺焦點，側邊則用素樸的水泥粉光，予以呼應、襯托和收邊。這面華麗而古舊的主題牆，也和簡約光滑的料理台形成強烈的對比。圖片提供 © 拾雅客空間設計

165

165

輕質磚上漆意外呈現自然磚牆效果 主臥室牆面是由輕質磚再覆上塗料而成，是屋主與設計師在裝修過程中意外發現的效果而加以保留，感覺有如灰色的泥磚牆。圖片提供 © 只設計部

◉ **材質細節。**輕質磚在台灣俗稱「白磚」，質量輕且施工迅速，具有隔音、防火及耐熱的特性，同樣尺寸牆面，價錢是比紅磚便宜。

166

將鐵板廢邊料化腐朽為神奇打造獨特牆面 回收利用工廠裡雷射切割鐵板後所剩的廢邊料，一片片焊接出具有立體層次的空間主牆，並噴塗上顏色統整視覺感，牆面因此不會看起來過於凌亂。圖片提供 © 隱室設計

◉ **材質細節。**鐵板的廢邊料需要經過挑選整理，牆面每隔 40 公分以角鐵加強固定，再請師傅現場焊接組合。

166

🔘 **材質細節。**想要創造粗獷感的牆面，文化石是輕鬆創造磚牆感的最佳建材，或者鑿開水泥牆表面，能呈現更自然的磚牆面。

167

運用多元牆面變化創造空間層次 客廳牆面採用仿紅磚的文化石鋪陳出舊倉庫的復古感，另外也在多功能房的牆壁做出變化，刻意鑿開牆面裸露出底層磚牆，刷上白漆完成修飾，堆疊出空間層次。圖片提供 © 浩室設計

168

二丁掛逆向操作用在室內 另一個完整呈現工業感的空間就在廚房，透過設備和材質的運用，更能全然發揮工業風特色，好比不鏽鋼檯面與復古把手的結合，自然也不會有吊櫃的存在，用鍋具自然妝點空間，亦帶出屋主的生活態度。圖片提供 ©RENODECO Inc.

🔘 **材質細節。**原本常見於戶外牆面的二丁掛，此款為早期設計款式，灰色調中帶有藍綠紋路，大面積鋪貼頗有復古味道，比起常見的文化石牆更為特殊。

169

⊜ **材質細節。**半高的電視牆設計除了避免壓迫感，同時也使空間更具層次感。

169

舊木主牆散發自然工業美 在幾乎沒有隔間阻擋的水泥盒子空間內，設計師採用了與水泥色調極為速配的鐵件與實木作為電視牆的材質，讓整體畫面展現出穩健而堅毅的美感。其中特選的舊木條呈現出灰白或汙損的自然痕跡，更能彰顯工業風的獨特性格。圖片提供 © 優尼客設計

170

為工業風注入古典靈魂 在無隔間的開放空間中，設計師巧妙運用古典線板語彙的收納櫃體來修飾數根羅列於室內的結構柱，不僅虛化柱體，也使空間分區更明確，而在畫面上則是將現代、古典與 LOFT 風格語彙融入一室，呈現出多元設計的豐富與趣味。圖片提供 © 懷特設計

170

⊜ **材質細節。**在明顯工業風的粗獷結構中，古典的設計語彙提升了空間的精緻度與美感。

171

171

活動電視機能也工業化 從客廳到餐廳能橫移近七米的活動電視，令屋主在每個角落幾乎都能看得到，藏拙的設計相當特別。設計師採用 14 米長工業用履帶包覆 HDMI 線與電源線，維修孔就在上方間接照明處，不僅風格是工業風，連機能也十足工業化。圖片提供 © 日和設計

⊜ **材質細節。**懸掛電視的六角螺帽可以微調，若日後要換電視，可視大小修正重心，調整面板角度。

172

溫暖紅磚主牆搶盡風采 臥室主牆減少多餘的設計，也沒有華麗的裝飾，只以平鋪直敘的火頭磚牆來為空間上色，而周邊也盡量以自然素材及最純粹的顏色來表現空間，希望讓家的精神回歸內在最純粹的本質與基礎。圖片提供 © 天空元素設計

172

⊜ **材質細節。**選用紅磚牆與梧桐木牆作臥室主色，除了可提供較溫暖的色調，也不失自然純樸表情。

173

黑格子門牆透出工業印象 為了配合水泥、木地板等灰階中性色彩的低調設計，特別選用黑鐵架構搭配黑色玻璃做出更衣間的格子門牆，除了能讓視覺展現出些許穿透感外，同時也更能呼應工業風的粗獷樸實，滿足屋主對於風格的要求。圖片提供 © 法蘭德設計

173

● **材質細節。**黑玻格子門與水泥實牆一虛一實形成對比，也因低反射的黑色玻璃讓空間有更多視覺層次。

⊜ **材質細節。** 將木、石與鐵件等材質統一於黃色光源之下,加深材質的厚實暖度。

⊜ **材質細節。** 右側牆面加入植栽點綴綠意,以五金做倒吊掛架,用以陳列盆栽或垂掛菜單,掛勾與掛架為可分離式,讓牆面充滿各種裝飾的可能。

174
暖郁光暈整合牆面表情 在玄關區藉著奔放的原木花紋與文化石牆面鋪陳出自然原味的風景,並輔以暖郁氛圍的黃光映照,讓木頭紋路與屋主收藏的書籍、相框能完美展示,體現出家的溫馨與美好。圖片提供 © 澄橙設計

175
灰磚牆配燈光展現古樸感 為商業空間結帳櫃台,拆除舊有牆面,以大面積灰色空心磚堆砌新牆,具備質輕、高強度等優點,並將黑色展示櫃嵌牆,加入投射燈光形成牆面的明暗光影,懸吊的黃銅燈則強化空間復古感,同時採用美式感木作櫃台,揉合了溫潤與剛硬。 圖片提供 © RENODECO Inc.

176
水泥粉光過道呼應灰階美感 在居宅的入口玄關處,保留了舊屋原有的結構,建構出居家過道,成為延伸入內的導引路徑,採用水泥粉光材質鋪陳牆面,並將管線隱於其中,呈現出輕盈質樸的立面,室內則以磐多魔材質鋪陳地坪,呼應居家整體的灰階色調。圖片提供 © KC design studio

⊜ **材質細節。** 運用地坪區隔空間領域,以黑白六角花磚鋪陳餐廳,為玄關、餐廳作出層次分明的界定。

177

🌀 **材質細節**。配合仿古磚柱的斑駁感，選擇以煙燻灰調的木地板來搭配，襯托出濃郁休閒感。

177

仿古白磚柱如同風格標的 在盡量不變動格局的前提下，設計師運用現代感材質營造出通透寬敞的空間感，再藉由白色仿古磚包覆結構柱體，使之成為明顯的風格標的物，同時也與輕 LOFT 風的公共空間有了風格的延續。圖片提供 © 懷特設計

178

179

⊜ **材質細節。**把主臥的水泥粉光牆引入，並運用隔板層架的鐵件結構，強調工業的質感。

⊜ **材質細節。**地板為原有的水泥基底，天花板再塗上珪藻土，用鏝刀刮抹出隨興的手感痕跡，有助衛浴空間保持乾爽、調節濕氣。

178

茶色玻璃門反射舊木拼貼牆 狹長的更衣室，呈現開放式的空間，並巧妙引入主臥的水泥粉光元素，讓整個空間有了冷灰牆和木格板的對比趣味；同時於盡頭設置的小木門，也延續了公共領域的漂亮藍色和倉庫語彙的設計，色彩表現豐富而有趣。圖片提供 © 大名設計

179

灰色的優雅有多層次的色調 衛浴刷上的水泥粉光牆，於一般的冷灰色調更多了點木頭色的溫潤，左右兩側轉折的牆面則採用仿大理石磁磚，一如圓鏡裡反射的牆，都以仿大理石磁磚呈現不同的層次變化，再加上類大理石材地板的深灰色調，以及門牆界線以H型鋼經過鏽蝕處理的斑駁感，讓空間優雅中帶粗獷。圖片提供 © 思嘉創意設計

🞊 **材質細節。**玻璃門片四周以鐵件框做勾勒，加強了線條立體度，也補強支撐性與安全性。

180

玻璃搭色膜看見門與牆變奏 通往空間走廊與廚房的門片選擇以平條玻璃為主，並在其中加入了藍色與黃綠色的色膜，一方面讓牆感變得輕量，另一方面也製造牆與門之間的色彩協奏。圖片提供 © 邑舍設紀

🞊 **材質細節。**鐵件本身又再上了黑色烤漆，替材質做了一層防護，也帶出質感。

🞊 **材質細節。**舊木料木種為白橡木，每片厚度約 1 公分厚，方便上色與復古處理，拼組起來的立體立也足夠。

181

貫穿空間的鏤空網片 開放式格局中仍渴望創造明確的領域性，於是利用鏤空網片來做引導，貫穿整個空間，同時也能透過鏤空特色看見室內的細部表情。圖片提供 © 威爾室內設計

182

二手木噴漆處理帶出不規則感 店內那獨特的牆面是運用實木舊料所砌成，施作時以復古手法分別噴上黑、咖啡、綠等顏色，帶出自然不規則感，也讓牆面別具特色。圖片提供 © 尚揚理想家空間設計

183

結合複合材質展現入口新印象 餐廳入口以複合材質組合呈現精緻與粗獷的對比美感，大門以回收舊木拼製而成，而緊鄰的牆面則以黑鐵製作出有如老花窗的圖案，搭配玻璃來穿透視覺與光線。圖片提供 © 隱室設計

183

● **材質細節。**回收木材質運用很廣範，能表現工業風不拘泥於細節的原始感，而黑鐵的可塑性很高，目前工廠都能客製所需樣式。

184

⊜ **材質細節。**顏色是改變空間調性的元素，選擇局部牆面運用中性色彩，再搭配適當的傢具，就能創造簡約的工業風。

184

中性色彩協調搭配營造簡約工業風 跳脫千篇一律的白牆，客廳沙發背牆採用時髦的墨綠色搭配側牆的灰色，以顏色調合出客廳的調性，簡單的搭配黑鐵邊桌，俐落又不失個性。圖片提供 © 浩室設計

185

採用生鐵做為牆面流露材質原始個性 廊道兩側牆面以未烤漆的生鐵作為完成面，因此能看到金屬特有的紋理表面，牆面同時也可以擺上吸鐵，作為家人溝通的留言板使用。圖片提供 © 諾禾設計

185

⊜ **材質細節。**未經處理的生鐵更能表現工業感，想要有生鐵原始質感又擔心鏽蝕問題，可以在表面塗上透明防鏽漆。

186

深咖啡木百葉自然沉穩 主臥空間中，除了床頭主牆採用仿水泥牆面，延伸全室主題外，在牆面大量使用綠色塗漆，用繽紛色彩減輕簡約水泥空間帶來的冷冽感受，令睡寢空間更加溫暖。圖片提供 © 維度空間設計

187

客廳端景牆的細緻優雅 半開放式的牆面，一方面阻隔了後方廚房的油煙，二方面也可修飾作為客廳的端景牆，於是刷上水泥粉光的灰色優雅，和粗獷的天花板形成強烈的對比。同時也在牆面架上實木層板，擺上裝飾物，或也成為家中寵物貓的跳台。圖片提供 © 拾雅客空間設計

🔵 **材質細節。**百葉窗選用木頭材質，深咖啡色調沉穩之餘，又不會過重，也為室內帶來一些自然情調。

🔵 **材質細節。**延續工業風的自然原色，將通往廚房的端景牆刷上水泥粉光，呈現細緻的質感，並用實木層板點綴溫暖的色調。

187

188

⊜ **材質細節**。整個家光線較弱的地方就在走道，改以鋼絲玻璃材質，可透光的效果稍稍提升走道明亮感。

188

黑鐵戶外窗變室內隔間更通風 將用於戶外的窗戶移植至室內使用，搭配鋼絲玻璃材質，整體就很有工業風的味道，再者，這面黑鐵室內窗亦是為了提升屋內的前後對流而設置，透過材質與設計的呈現，與氛圍更為協調。
圖片提供 © RENODECO Inc.

🔘 **材質細節。**以屋主個人思維為設計主軸，去除了櫃門、隔間、封板等修飾元素，呈現更紓壓的畫面。

189

裸妝牆櫃卸除生活壓力 進入室內後先經過工作區，一面牆上貼滿了照片，讓這個家和屋主的生活回憶緊密相連；另一側設計師利用矮牆區隔公私領域，而牆的另一面為臥室，直接裸露結構的衣櫥與天花板管路讓生活畫面更為真實，有種被鬆綁的感受。圖片提供 © 天空元素設計

190

水泥打鑿面斑駁頹廢風 原本工業風的冷調又帶上頹廢感，讓人進門產生強烈的視覺印象，設計師刻意將水泥牆面打鑿斑駁效果，留白的牆面掛上相框布置，相框裡的照片即是屋主本身參與打鑿過程的紀錄，讓整個家打造過程更富意義。玄關吊掛復古燈，配上黑白照片，宛如一面時光牆。圖片提供 © 植形空間設計

🔘 **材質細節。**在工業風基本印象的水泥牆再進行打鑿處理，玄關牆面斑駁的頹廢感能營造隧道氛圍。

191

● **材質細節。**想讓水泥粉光的色差更加強烈，就要在上最後一層砂漿時使用較粗的顆粒，粗顆粒在接觸保護劑後，顏色就會較其他部分更深。

191

粗獷不羈的水泥、epoxy 牆面 客浴使用水泥粉光塗附 epoxy，揮灑出不羈的隨性面貌，結合下方不鏽鋼搭配馬賽克腰帶、深色進口板岩，粗獷與摩登兩種風格，碰撞出濃烈的陽剛氛圍。衛浴設備以圓、方、橢圓等幾何圖形為主，成為最純粹、簡單的實用配角。圖片提供 © 維度空間設計

192

完整呈現古老的紅磚牆 雖然是 28 年的老公寓，但打掉天花板和隔間之後，這道磚牆倒維持得還不錯，因此保留下來，也不修飾整齊，完全的原味原色，反而有畫龍點睛的效果，成為客廳的主題牆，加上背牆引進了自然窗光，讓整個空間原始質樸而有活力。圖片提供 © 拾雅客空間設計

● **材質細節。**把老屋原有的紅磚牆裸露出來，雖然古舊粗獷，卻撫觸著歷史的磚瓦，讓空間也瀰漫了舊日的美好時光。

192

193

水泥粉光牆面傳遞簡約生活感 將小孩房其中一面牆採用水泥粉光處理，延續整體空間的簡約調性，同時表現出單純無華的日常感。
圖片提供 © 諾禾設計

⊜ **材質細節。**臥房的水泥粉光牆面要留意起砂情況，施工時要特別留意，或者上一層透明漆來預防掉砂。

194

個性主題百葉裝飾黑、灰水泥空間 挑高的工業風住家是為 20 多歲單身男子量身訂做的專屬空間，一樓設定為開放式睡寢場域，客廳、書房則規劃在挑高夾層。室內空間主要以水泥粉光貫穿全室，穿插點綴黑色鐵件烤漆樓梯以及木皮染黑門片，塑造純粹、簡潔的住家印象。圖片提供 © 由里室內設計

⊜ **材質細節。**空間右上百葉窗的圖片靈感來自機場的翻頁時刻表，是選定圖案後，將印好的卡典西德裁切成葉片寬度、再一張張貼上。葉片打開時跟一般百葉沒兩樣，遮光時就會顯示圖案、達到掛畫的效果。

195

● **材質細節。**馬賽克磚和一般磁磚相同,清潔時以清水除去髒污即可,
特別髒時才需使用中性清潔劑清理。

196

195
馬賽克磚兼具現代與工業感 廚房牆面部分,由
於檯面已使用了鮮明的橘色人造石,設計師特別
以不鏽鋼馬賽克磚來做鋪陳,突顯工業感冷冽特
質,同時還能流露些許現代味道。圖片提供 © 尚
揚理想家空間設計

196
局部牆面運用回收舊木創造空間特色 原本的三
房格局不符需求,因此將客廳後方的隔間實牆改
為半高牆,讓視野保持通透,同時也留給書房局
部隱私性;牆面利用回收舊木上刷上明亮色彩,
成為踏入空間的視覺焦點。圖片提供 © 只設計部

● **材質細節。**二手木材的來源大多是拆自於使用過的木箱、棧板,或者
房屋建材、門窗等,雖然處理上會比新木材花時間,是環保又能展現
空間特色的素材。

197

⊜ **材質細節。**貨櫃門的特殊門栓設計，具有搶眼的工業結構感，重新整理後適合運用在局部空間作為主題裝飾。

197

個性黑色牆面突顯門面設計 黑色牆面讓視覺集中在入口門面，根據窗型以黑鐵打造九宮格窗戶，使 1 樓室內空間能有較充足的光線，並擷取貨櫃門片作為主要進出大門，在未進入前就已感受到空間特色。圖片提供 © 隱室設計

198

調色水泥粉光呈現獨特牆面紋理 廚房牆面以手調色的水泥粉光，呈現有別一般水泥的灰色調，並且有著不規則感的獨特紋理，更能傳遞廠房不拘小節的樣子。圖片提供 © 浩室設計

198

⊜ **材質細節。**水泥粉光除了原始灰色之外，可以加入調色粉調製不同的顏色，呈現不同的水泥牆面效果。

🌐 **材質細節。** 在居家中安裝大跨距玻璃滑門，可採用分段式設計，開關門比較輕鬆不費力。

🌐 **材質細節。** 牆面所使用的樂土是取材自水庫淤泥，顆粒細膩不易龜裂，施工過程類似批土，最後還需經過研磨才算完成。牆面還切割出等份線條，特意分區施工，讓牆面自然乾燥後呈現自然紋理。

199

玻璃滑門取代隔間，解決廊道昏暗問題 由於老房子窗戶較小採光較不好，因此臥房以玻璃滑門取代實牆為隔間，讓光線能透入廊道，並加裝拉簾當客人來時能維護寢居隱私。圖片提供 © 諾禾設計

200

自然仿水泥紋理成為玄關新表情 新成屋住家玄關是個小長廊，設計師選擇降低照明亮度，運用「柳暗花明」的視覺聚焦手法，讓一進門就注意出口的吧檯畫面，減輕狹窄過道所帶來的壓迫感。廊道牆面塗布樂土，點出工業風水泥牆面的住家主題。圖片提供 © 維度空間設計

201

材質細節。不鏽鋼管原為霧銀色，特別漆上黑色，做到與風格能相呼應。

201

不鏽鋼管拉出牆面立體維度 緊鄰書桌的書牆，設計師在壁面先以 PANDOMO 材質做鋪陳，再運用不鏽鋼管勾勒書牆櫃體，特別刷上黑色並保留管接頭五金的霧銀原色，成為空間亮點也帶出牆面的立體維度。圖片提供 © 尚揚理想家空間設計

202

牆面塗佈黑板漆兼具設計感與趣味性 廊道盡頭刷上黑色的黑板漆，作為留言板使用，並發揮工業風的手作創意，運用現成鐵管零件設計一個有趣的壁燈，整個牆面因為成為空間端景。圖片提供 © 只設計部

203

多元材質創造豐富拍照場景 因應網拍工作室的需求，設計師以自然材質創造多變的拍照空間背景，包括混凝土、紅磚及木材，並採用單純的色調，讓空間能融入不同服飾風格。圖片提供 © 隱室設計

⊜ 材質細節。黑板漆是家居設計中的一種創意塗料，而且水性黑板漆不只有深綠色，還黑色、灰色、粉紅色等多種顏色，適用於大部分的牆面和木材表面。

⊜ 材質細節。由於空間以平面攝影為主，因此著重在牆面變化，除了鑿開壁面表層裸露底層磚面，也有板模壓製的混凝土牆面。

203

⊜ **材質細節。**毛絲面不鏽鋼帶點霧面效果,也符合工業風粗糙、訴求原味的調性。

⊜ **材質細節。**壁布施作和壁紙一樣,訴求牆面的平整性,否則容易有凹凸不平的情況產生。

204

不鏽鋼板展現不一樣的剛性味 衛浴牆面材質處理上,僅保留下半部原建商所附磁磚,上半部則改以不鏽鋼板呈現,相異質地擦出對比火花,展現不一樣的剛性氣息。圖片提供 © 邑舍設紀

205

壁布創造搶眼清水模質感 打造工業風格除了使用真正的水泥,運用類水泥感材質也是近年相當夯的手法。設計師運用仿清水模感的壁布呈現,無論打模、溝紋都相當逼真,使用於空間中視覺效果不失真,且相當強眼。圖片提供 © 威爾室內設計

◉ **材質細節。** EMT 管材質輕薄，在搬運施工時較為簡便，相較於 PVC 管也更為堅固耐用。

206

復古開關壁燈在灰牆玩藝術 新屋內部先做局部拆牆，讓磐多魔地板延展全室，創造質樸的視覺感受，並於牆面裝設復古老開關與金屬壁燈，讓銀灰色調呼應整體灰階，牆上照明燈飾則增添了空間的藝術質感，同時裝設 EMT 管作出明管修飾，充滿裸露工業風。圖片提供 © KC design studio

◉ **材質細節。** 吧檯區的牆面下半部過於老舊，甚至已出現風化剝落的情況，故刻意拼貼了白色大口磚，形成吧檯桌下的另一種懷舊視感。

207

百葉窗大口磚 營造懷舊視感 靠牆吧檯區保留灰色牆面，並加入百葉窗做出空間修飾，以鐵件為窗框，將玻璃、木色百葉、白色木百葉三種窗戶交錯搭配，形成頗具風格的牆面設計，且因空間位於 2 樓，採光優良，故將窗戶採活動式設計，可配合光影移動與採光強弱做出變化。圖片提供 ©RENODECO Inc.

◉ **材質細節。** 十字形軌道和鐵製收納架的黑色線條，當燈光投射在白色文化石牆上，可在空間形成一種藝術感。

208

活用跨距的大螢幕劇院 住家格局以十字形軌道作軸線，利用倉庫風拉門和黑板作為牆面，並和文化石牆互為搭配，依照需求可靈活隔出餐廳、客廳、客房、主臥等區塊。只要將餐桌收起，放下投影布幕、活動投影機，6、7 米的舒適觀影距離，住家馬上變身電影院。圖片提供 © 日和設計

209

水泥板增加隔音棉的家庭劇院 客廳的投影布幕牆面為水泥板，並增加隔音棉改善居家環境。除了投影布幕的距離是最舒適的大螢幕享受，水泥板吊掛投影布幕也特別強化結構，平時利用嵌燈照明，看電影時可以打開小燈。為了讓客廳兼具家庭劇院的空間感，設計師盡量避免隔間，改採地板做為空間的分界，所以從廚房餐廳也能看到客廳的家庭劇院。圖片提供 © 植形空間設計

材質細節。 投影布幕牆面因是緊鄰玄關的輕隔間，設計師特別在水泥板內增加隔音棉，即便看電影也有隔音效果。

209

210

室外材創造老屋原生牆色 在這棟屋齡約 35 年的老屋內，漏水及壁癌等老舊情形相當嚴重，因此在更新裝修時，設計師大膽地捨棄一般塗料的施工材質，在室內牆面上注入「類原生」的概念，把戶外材用於室內牆面，泥灰色牆讓室內展現如大自然的純淨，更深刻地強化心靈感受。圖片提供 © 天空元素設計

211

創意牆面打造自由隔間 客廳與主臥室之間採用集層材設計的倉庫拉門做分隔，讓客廳與主臥雙邊都能感受到木質的溫潤自然感，而藉由能 360 度旋轉的電視，則讓屋主實現在哪兒都能看電視的願望。另外，黑板漆牆除了可作備忘黑板使用，當然也是屋主的創意塗鴉牆，可隨時改換主題。圖片提供 © 法蘭德設計

○ **材質細節。**牆面的類原生材塗料材質不僅外觀有仿清水模的效果，更重要是不會產生特定毒素。

○ **材質細節。**集層材打造的臥室拉門除了提供溫暖空間的木感，倉庫門的造型也是風格重要元素。

212

材質細節。利用隔間拉門的木作設計來增加工業風元素，醞釀出讓人放鬆的粗獷美感。

212

倉庫大拉門醞釀粗獷氣息 為放寬 25 坪室內的空間感，設計師先將廚房既有隔間拆除，並與原本較狹小的客廳合併成為半開放式公共空間，而開放廚房內如倉庫般大拉門的意象則凸顯工業風個性，讓北歐簡約與 LOFT 風格完美結合。圖片提供 © 澄橙設計

213

層疊材質打造不同工業感受 餐廳牆面在表現上，底層運用特殊塗料創造出木紋清水模的效果，上層則是再貼覆釉面磚，層疊材質處理手法，玩出牆面變化也帶出不一樣的工業風格感受。圖片提供 © 尚揚理想家空間設計

213

材質細節。釉面磚在貼覆時，採取未貼滿以及不規則方式，為的就是要帶出未完成的效果。

214

貨櫃造型門展現空間粗獷味 為了符合美國服飾品牌的美式硬漢風格，空間展示櫃皆以粗獷的黑鐵製成，空間底端牆面以黑鐵摺出線條，如實仿造出貨櫃門的造型，為空間增添話題焦點。圖片提供 © 隱室設計

215

更衣室巧妝成紅酒藏窖木門 當空間大量使用了水泥、鐵件、金屬管、不鏽鋼等陽剛味十足的材質之後，就需要木頭的質地來化點居家的溫暖，如此關鍵性的設計正好可以選擇表現在空間轉換的行走過道，即使是一小區塊都足以有令人眼睛一亮的感覺，這扇用實木拼貼而成的穀倉門牆就是這麼搶眼跳色。圖片提供 © 拾雅客空間設計

⊜ **材質細節。**由於真正的貨櫃門因為往返運送，表面上已經噴塗字體及記號，運用在空間中顯得太雜亂，利用黑鐵打造能達到客製化的效果。

⊜ **材質細節。**選用多節點較粗獷的實木片，製成如英國式的穀倉門，再加上鐵件門把，拉開就是隱藏於內的更衣室。

⊜ **材質細節**。擁有立體導角的巧克力磚選擇採交丁拼貼方式，特別選用歐規 P 管而非走地面的 S 管，加上管線也經過電鍍，就算裸露也不失質感。

⊜ **材質細節**。沙發牆整面塗滿灰色，視覺上俐落分明，也清楚呈現領域感。

216

巧克力磚流露復古味道 主臥房衛浴搭配女主人喜愛的巧克力磚，減少浴櫃、直接讓管線裸露，加上西班牙面盆，呈現出較為復古的氛圍。圖片提供 © RENODECO Inc.

217

灰色牆面挹注空間色彩 開放式的客廳加起居間，為了讓空間感更加明確，在沙發牆這一端選擇以灰色系做表現，符合工業風的冷調性，也成功替環境挹注色彩。圖片提供 © 邑舍設紀

218

🔘 **材質細節**。壁布透過印刷、染色技術呈現出清水磚紋理，貼覆時得留意整體紋理，呈現時才不會有重覆情況。

219

🔘 **材質細節**。雖然水泥有很好的吸濕及排濕特性，但仍要作好防水處理，在容易接觸到水的部分以防水性佳的磁磚完成較為理想。

218

仿清水磚壁布鋪展粗獷氣息 客廳面寬不大，故以仿清水磚壁布來作為壁面素材，不用擔心材質過厚佔據空間，壁布逼真的印染技術，不但成功鋪展粗獷氣息，也把風格精神表現的淋漓盡致。圖片提供 © 威爾室內設計

219

根據衛浴使用區域運用不同牆面材質 衛浴分為盥洗及浴廁 2 部分，盥洗牆面為水泥粉光，但在進入浴廁的部分，下方 2/3 牆面加鋪上磁磚以達到防水的作用，清潔整理上也比較容易。圖片提供 © 諾禾設計

220

用色彩、拼法模擬粗獷紅磚牆 在以灰色調為主的住家中，臨窗牆面採用仿紅磚主題作跳色，為住家注入溫暖質樸的氛圍。在細節上，文化石仔細模擬真實紅磚在遇到樑柱、底部時會使用的鋪貼工法，令畫面呈現也更趨真實。圖片提供 © 維度空間設計

🌐 **材質細節。**使用文化石模擬真實紅磚牆面，深淺不一的磚面錯搭拼貼，營造擬真的窯變紅磚的粗獷自然面貌。

220

⬛ **材質細節。** 牆面在塗刷特殊漆時，約塗刷1～2道，達到效果同時也不用擔心增加壁面厚度。

221

仿水泥粉光特殊漆營造粗獷感 空間中要製造工業感，展現材質原貌是其中一種手法，於是設計者在其中一道牆以仿水泥粉光特殊漆來做表現，成功帶出冷冽又自然不造作的風格味道。圖片提供 © 邑舍設紀

222

牆與門機能設計創造舒適感 因居宅位於高樓層，為強化空氣流通的優點，配置了一扇採用鐵件、清玻璃製成的中軸旋轉門，替餐廳旁的書房領域作出界定，保留空間的通透性與通風度；客廳則在沙發白背牆上嵌置壁掛式喇叭與投影設備，滿足視聽娛樂需求。圖片提供 © RENODECO Inc.

⬛ **材質細節。** 為呈現原始況味並節省成本，地坪保留原先建商的拋光石英磚，讓白橡木傢具與灰牆成了空間主要彩度。

223

拼貼木牆延伸公領域的視覺風格 為了讓主臥的牆面也有不同的變化,遂把鄰近客廳的吧檯舊木拼貼元素也引進走道,運用堆疊的手法,讓牆面更有立體感;相對於其它水泥粉光的樸素牆面,這道牆的原木也為主臥增添了溫暖的情味,臨牆角而設的小三角木桌,亦活化了整體空間的趣味。圖片提供 © 大名設計

🔵 **材質細節。**二手舊木拼貼的牆面,以油漆重新處理,讓新刷的痕跡也融入原色,既保有舊木的味道,也呈現了現代感。

223

224

牆面嵌鐵板收納兼具美感 左側牆體為餐廚電器櫃背面,右邊則為杉木實木板材質電視牆,以兩立面架構出一條居家廊道,天花板沒有任何施作,呈現裸露自然感,並將噴漆鐵件鎖於兩側牆面,形成展示層架與開放式置物櫃,在狹長過道中創造收納機能。圖片提供 © KC design studio

🔵 **材質細節。**杉木材質木質較為鬆軟,具有耐腐朽性,透氣度也不錯,是居家牆面門片的好選擇。

224

225

質樸泥牆打造斑駁工業風 從事廣告業的單身屋主，希望23坪的中古屋內能有自己的品味與個性，為此設計師先將壁紙拆除，刻意保留原始質樸的水泥材質，再利用鐵件家飾的妝點，打造出粗獷又復古感的居家。圖片提供 © 澄橙設計

225

🔘 **材質細節。**保留中古屋內原始的磚牆與水泥質感，讓空間自然流露出年代感，也更能襯托老件傢具的風華。

226

● **材質細節。** 仿古磚牆與雷射鐵件藝術品的搭配醞釀現代工業感，並與低背大型沙發搭配出休閒的輕鬆感。

227

● **材質細節。** 同樣泥灰色牆面，但因點狀裝飾的細節而啟發了清水模的聯想，也讓空間有更多不同表情。

228

● **材質細節。** 利用色彩裝飾牆面，特別是在臥房時建議顏色要選擇偏柔和色系，才能夠獲得放鬆作用。

226

鐵件藝術牆打造黑白潮宅 這是座屋齡超過二十年的透天住宅，為了呈現嶄新風貌，在矩形的客廳格局內採以現代、低調的設計手法，藉由白色磚牆上的大型幾何鐵件藝術品裝飾客廳主牆，並且與木紋水泥板電視牆形成對話，構成黑白對比的色調設計。圖片提供 © 懷特設計

227

仿清水模標記點出空靈感 臥室與客廳之間採活動式的拉門，平日可打開門讓二空間均享有更寬敞的視野；其中臥室床背牆採用粉光水泥板設計，並以點狀設計呈現出仿清水模的空間感，搭配雙主燈的照射更顯現寧靜意象，有助於提供心靈沉澱的臥眠空間。圖片提供 © 法蘭德設計

228

湖水綠上的層層光影 臥房回歸休憩睡眠之用，該如何與室外工業風相呼應？設計師在壁面漆上湖水綠色彩，牆壁立面轉折之間掛上工業風吊燈，當燈點亮之後映照出層層光影，昏黃效果與室外表現有異曲同工之意。圖片提供 © 威爾室內設計

⊜ **材質細節**。施工過程為表面鋪上色砂搭配特殊調合劑，經反覆鋪陳後再挖孔完工，做出質樸效果，經濟又美觀。

⊜ **材質細節**。沒有頂到天花板的牆面，用不著痕跡的水泥粉光，嵌入從天花板而降的鋼板和鉚釘，於優雅中又顯出桀驁不馴的個性。

229

仿清水模牆美觀省成本 因餐廳、客廳原先無隔間，為界定區域同時保留開放設計，作出了門框設計，並於餐廳頂部選配土耳其藍工業風燈飾，與灰牆互映成居家端景；大面積灰牆則為仿清水模牆面，以菊水工法做處理，牆面內部為木作，既省成本又可達質樸效果。圖片提供 © RENODECO Inc.

230

H型鋼板結合水泥粉光牆很工業 將主臥和更衣室隔間牆，以特殊手法處理的水泥粉光，呈現優雅的淺灰色調，特別是在窗光的投射下，更隱隱反射出金灰的光澤。這面牆也特別不做到頂，讓陽光能穿透到更衣室，更衣室的投射燈也引入臥室，在夜晚形成浪漫的氛圍；H型鋼的邊角設計，則更強化了工業感。圖片提供 © 大名設計

🔘 **材質細節。**黑板漆牆與監獄門設計，讓原本隱晦角落變成吸引目光的端景。

231

塗鴉、監獄門活化了牆面 為了增加工業風的空間趣味，設計師將廚房旁的客用浴室隔間牆塗覆黑板漆，改造為 L 型的立體塗鴉牆，至於浴室門片則變身為監獄門，不僅強化了整體風格感，其創意及個性設計更增加客人的話題。圖片提供 © 優尼客設計

232

材質細節。為符合舊時代的建築結構美感，選擇保留舊磚，同時也解決原本泥牆上的壁癌問題。

232

結構、磚牆秀出年代感 在樓梯格局位移與開挖的過程中，設計師保留了原本二樓的樓板的牆邊痕跡與局部磚牆結構，適度地裸露出專屬於這個空間的時代美感，再加上鐵件、水泥與磚牆等工業色調，讓畫面更具有 LOFT 風格的自在與隨性感。圖片提供 © 懷特設計

233

玻璃隔間凸顯老屋結構感 屋主喜歡樸實原味風格，並希望能將多年老屋舊況與格局全部重整，但考量房型為多角形體且有畸零角落，為了虛化這些格局缺失並符合屋主所需，決定以玻璃材質作隔間，藉由通透視覺保留優勢的採光與河堤景觀，同時讓建築的結構感更鮮明。圖片提供 © 天空元素設計

材質細節。採用玻璃做隔間讓空間有界線、但無隔閡，而不同空間的設計則可成為另一空間的背景。

🌀 **材質細節。**使用從義大利進口的建材，由真的板岩塊切割而成，每塊紋理與色澤皆不重覆，完全取材自然。

🌀 **材質細節。**空心磚因具氣孔結構，不僅可替室內散熱降溫，更因具吸附濕氣的特質，可維持溼度平衡，美感兼具實用。

234

真實板岩刻劃無法複製的住家個性 玄關入口地坪為環氧樹脂地坪，牆面鋪貼大塊義大利板岩，與客廳文化石柱體相呼應，第一眼印象更加大方、俐落；門側則大膽採用歐美常見的鍘刀式開關、連結外露金屬管線。細節與材質的講究，隱隱透露出男主人對於追求住家獨有個性的深切渴望。圖片提供 © 維度空間設計

235

風格畫作打造個性端景 牆面掛上掛畫，形成美好的端景效果。灰牆材質為成本低廉、生產過程無汙染的空心磚，運用礦渣碎石等工業廢料混入水泥灌製而成，打造具粗獷風味的背景牆，而畫飾則為充滿煙霧風格的視覺插畫，充滿實驗性的畫風，搭配粗糙牆面，增添空間個性。圖片提供 © RENODECO Inc.

236

236

木鐵件門框區隔白色廚房 格局方正的廚房呈現不造作而自然的 LOFT 風格，並選定以白色為主要色調，展現乾淨整潔的料理空間，而讓自然光成為最搶眼的主角；至於區隔廚房裏外的原木鐵件門則提供阻絕油煙功能與純淨視覺美感。圖片提供 © 澄橙設計

🪙 **材質細節。**原木框拉門藉由上方鐵件做固定，使地板面更為平整簡潔，且視覺更有延伸感。

237

鐵件、磚牆對映空間虛實感 借用建築原始結構的高地差，讓開放的餐廚空間與客廳有著自然的區隔，另一方面則以現代感的開放式鐵件層板架來取代隔間，搭配延續自客廳的白磚牆，映照出自然光影層次，也飄散出 LOFT 風格的自在美感。圖片提供 © 懷特設計

🪙 **材質細節。**隔間屏風的上半段利用鐵件強調穿透感的設計，而下半段則以與吧檯等高的白色櫃體來營造用餐區的安定感。

237

材質細節。火頭磚牆不只是裝飾面,其立體的斑駁感在自然光的照射下更見生命力。

材質細節。油漆色調的使用上,電視牆使用帶灰的藤綠色,懸掛孩子畫作的走廊則是清爽、稚氣的菜田綠,根據住家情境作出不同空間的漸層過渡。

238

紅磚牆為家注入斑駁美感 因室內空間不大,同時也希望增進家人互動感,因此廚房作開放式的輕食吧檯規劃,並於吧檯後方配置一面火頭磚牆,運用自然燒製而成的磚紅花色,替居家注入斑駁美感,也成為公共空間中最搶眼的主牆設計。圖片提供 © 天空元素設計

239

灰色調的色彩漸層過渡 順應原本高度較低的窗台規劃臥榻,並將粗柱鋪貼灰色文化石,深淺交織的不規則感,營造出男主人鍾愛的原始、冷冽自然風格。一旁的電視主牆以灰綠色打底,延伸石柱色調,運用鐵件、柚木集層材檯面等素材,簡單的幾筆線條勾勒出俐落、自信的純粹面貌。圖片提供 © 維度空間設計

240

斜摺頂牆的鏽鐵色有放大空間的效果 為修飾入門過窄的深度，將左側的鐵板結合鏽鐵，並斜摺到天花板上，再往內延伸到整個牆面，使空間具有放大的視覺效果，並有導引入內的方向感；藍色大門則以倉庫語彙設計成鞋櫃，木隔柵之間且有通風效果。地板則鋪以較細緻的磨石子，將台灣的舊材料重新詮釋出新的風格。圖片提供 © 大名設計

241

散逸文青感的黑板與書牆 為了改善室內陰暗感，先將客廳與餐廳打通，再由外引入光線，讓空間變大且更通透明亮。同時在餐廳內以白色書牆來收納屋主大量書籍，另外，為了讓愛書的屋主更能享受閱讀的喜悅，在餐廳特別設計閱讀角落，並搭配黑板牆來增添空間活潑性。圖片提供 © 澄橙設計

⊜ **材質細節。**鍍鋅鐵板結合鏽鐵鐵件，有精緻與粗獷的對比，並延伸整面牆。再經過歲月的磨蝕，鏽鐵的自然紋理會隨著時間慢慢氧化。

⊜ **材質細節。**黑板牆與文化石牆提供白色空間色彩的變化與量感，而且屋主可隨性在此作畫塗鴉或留言，讓生活有更多變化性。

242

🔘 **材質細節。** 在類清水模牆旁擺放著古樸的化妝桌椅，讓畫面呈現純粹美感與時時空交錯感。

242
仿清水模牆喚醒單純年代 在鄰近戶外的牆面上採用仿清水模的室外材塗料，灰靜的牆色與河堤景致互為前後的景深層次，加上玻璃隔間牆的穿透效果，將客廳的景致也納入臥室，可讓原本空間不大的房間更顯寬廣。圖片提供 © 天空元素設計

243
開放格局、牆面營造通透感 從大面落地窗引向採光，從陽台、客廳貫穿至餐廳，以開放式設計形成通透居家風景，讓人在餐廳用餐，也能遠眺陽台的迷人風景，並讓立面之間彼此留有通道，讓空間充滿了流動性與廣闊感，達到光線、空氣相互流動的視感。圖片提供 ©KC design studio

243

🔘 **材質細節。** 挑選以鐵絲為燈罩的餐廳吊燈，以鏤空不加修飾的外型，塑造工業美感。

244

🔘 **材質細節。** 將工業風建材透過現代的極簡手法與色塊搭配,混搭出更符合於現代生活的居家氛圍。

244

混搭現代與工業風的潮宅 透過格局的規劃以及採光的運用,讓客、餐廳呈現開放而無拘束的輕鬆感,同時選用木紋水泥板、原木及染黑木皮包覆牆面,鋪陳出輕工業風的冷冽空間質感,最後搭配簡單的傢具佈置與工業風燈飾等軟件裝飾,便是一間融合現代與工業感的風格潮宅。圖片提供 © 懷特設計

245

🔘 **材質細節。** 原木色調與鐵灰漆作的搭配,除平衡視覺明暗與層次外,更能凸顯書籍、文具等陳列的商品。

245

開門見書牆的美麗邂逅 這雖是一處商業空間,但不汲汲於追求坪效,盡量地回復這座十五年以上老倉庫的舊有屋況,除了前台有散置的桌櫃陳設外,將設計焦點放在後端滿牆的雙層書架陳列,希望能保留原建物的高牆與開闊空間感。圖片提供 © 澄橙設計

246

⊜ **材質細節。**衣櫃採用白栓木貼皮，細膩、隱約的紋路是雀屏中選的原因，鋼刷表面則讓凹凸觸感更加真實。

246

鋼刷白栓木皮觸感擬真 主臥規劃依然維持工業風的簡約低調風格，但多加入了綠色塗漆，令牆面環繞在木質、水泥、油漆之中，隱喻睡寢空間就像被樹木、石頭、綠意環抱一樣舒服自在。圖片提供 © 維度空間設計

247

⊜ **材質細節。**打破傳統思維，選擇貨櫃門來呈現工業風設計語彙，更能顯現隨性個性。

247

貨櫃大門點亮到位工業風 為改善老屋的採光，將原來陽台連結室內的隔間拆除，改以大面玻璃窗及採光罩設計，好讓大量的光源可以從水平與垂直二方向導入室內，特別的是設計師捨棄傳統大門選用了罕見獨特的貨櫃門，點出到位的工業風，也展現設計師的創意。圖片提供 © 優尼客設計

🔘 **材質細節。**運用不同的建材做大面積的色塊表現，營造出俐落現代的空間感，也呈現出更純粹的建材之美。

248

工業感裝置藝術預告風格 為了迎合屋主喜歡的輕工業風設計，在這棟新成屋內選用簡單黑、灰、木皮及不鏽鋼本色作為空間底色，尤其在玄關入口端景處，大膽地使用汽車零件與綑綁的鋼筋結合，創作出強烈工業感的裝置藝術，也成為整個空間的風格預告。圖片提供 © 懷特設計

249

恍若學舍般的藍色大門 進入室內，首先見到這扇如學生宿舍般的造型門片，設計師特別以大海般的藍綠漆色來顯現素樸味，而與之相映的是地面上馬賽克磚與木地板的拼貼畫面，喚醒訪客學生時代的青春記憶。圖片提供 © 澄橙設計

🔘 **材質細節。**在搶眼的藍色大門與地面磁磚中間，不落地的白色鞋櫃恰成緩衝，讓玄關更顯輕盈活潑。

250

🔵 **材質細節。** 牆面採用黑色填縫劑，填縫完後，刻意不做太過徹底地擦拭，製造出歲月刻畫的痕跡。

🔵 **材質細節。** 一般工業風設計中，會加入木質色溫暖冷冽的空氣，而這裡反而選擇帶綠色的木皮，增添灰暗感受。

250

深磚牆結合層板展現自然率性 電視牆以大面積黑灰色文化磚牆為材質，使空間帶有復古、仿舊的粗獷質感，並以烤漆黑鐵與木層板為材質，在牆面左側打造一座開放式置物櫃，層板前緣則以鐵件做支撐，耐用且紮實，與後方的背景牆面應和出自然率性的氛圍。圖片提供 © KC design studio

251

綠色木皮牆面迎合店內主題 裸露並漆上黑色的天花板以軌道燈與吊燈呈現暗黑工業風，讓原先就冷調的工業色彩更加灰暗。牆面部分漆上灰黑色，另外一部份的木質牆面則選擇帶有綠色的木皮，迎合店內以電影《冥王星早餐》為主題的黑暗風格。圖片提供 © 直學設計

252

253

● **材質細節。**用直徑 15 公分的不鏽鋼管，結合圓形的皮枕設計，成為兼具機能性而設計感強烈的主題風格，也因此將此民宿房間命名為「機房」。

252

黑色復古磚廚房藝術感 保留原有廚具，只換上西班牙進口的黑色復古磚，褪色斑駁的表面，不規則的磚緣，別具歐洲老茶館的年代味道。黑色復古磚同時發揮保護色功能，除了能適度的隱藏壁面的廚房小物，搭配簡約的收納櫃體，烹飪空間多了藝術氣質。圖片提供 © 日和設計

253

把工程涵管變成牆上的裝置設計 為了讓白牆也有變化的趣味，將戶外工程用的涵管引進室內，且從屋頂直接連接下來，再直角貫穿到右牆柱，就像是把水引流到外的感覺；同時在靠近床頭和牆椅的不鏽鋼管上，再包覆海綿製成的皮革軟墊，巧妙成為保護身體的舒適靠枕。圖片提供 © 雅堂空間設計

● **材質細節。**黑色復古磚既能掩蔽壁面的廚房小物，且適合銀製器皿背景凸顯時尚質感，在配色上更能顯現生活品味。

254

⊜ **材質細節。** 喀拉拉白石材具獨特的紋理，因此在貼覆時有特別留意對花，藉此加深大器風範。

254

白石材營造大器的工業感 電視牆面有別於以往呈現粗獷效果，而是改以喀拉拉白石材來做鋪陳，細膩的切割處理，以及大面積的表現，帶出大器、細緻的工業風味道。
圖片提供 © 大雄設計 Snuper Design

255

玻璃、磚、木營造多層次溫暖色調 為呼應空間溫暖的木質風格，以茶褐色玻璃作為餐廚之間的拉門設計，形成半開放式的廚房，在忙於三餐打點之餘，可同時環顧客廳的生活動態，與家人進行親密的互動。且以玻璃的現代元素呼應客廳的舊式磚牆，顯出整體空間豐富的層次感，復古又時尚。圖片提供 © 慕澤設計

255

⊜ **材質細節。** 餐廚之間隔以茶褐色的強化玻璃，具有穿透的效果，拉大整體的空間感，亦可阻隔廚房的油煙。

256

⊜ **材質細節。**工業風常運用的木質來調節空氣中的視覺溫度，選擇偏紅的木皮，可降低工業風的冷調，選擇偏綠色的木皮，則能讓
　視覺溫度更降溫。

256

偏紅木皮溫暖工業風 以工業風設計為基調的這間日式餐廳，外觀上方以
鐵件作為遮雨棚與裝飾，每個框架以不同顏色或是不同大小間隔呈現，
讓視覺更有層次感。牆面選用偏紅色的木皮，打造與內裝一致的溫度，
旁邊設置的黑板，除了可寫上店內資訊，也多了一分俏皮。圖片提供 ©
直學設計

257

用煙梯管強化設計與採光 拆除原本靠近客廳的次臥，讓整個公共區能夠
伸展放大，邊角區位滿足了屋主希望電視不是空間重心的願望，但用煙
梯管來收束管線，並化解制式櫃體遮擋採光的困境。圖片提供 © 裏心設計

⊜ **材質細節**。煙梯管最大可達 180 度角的旋轉設計，讓廚房跟客廳可共享資源。

⊜ **材質細節**。紅磚砌成的牆面，設計師將它再刷白處理，大幅平衡空間冷調性質之外，同時也能映襯屋主蒐藏品的特色與美麗。

258

磚牆刷白平衡冷調性質 此為新成屋，為了讓形塑出來的效果符合風格中裸牆、裸露結構的特色，特別要求建商地坪、牆面、天花板都不再加以施工，用建物本質示現，一來省去拆除建材的工程，二來也能直接做出想要的風格觸感。圖片提供 © 方構制作空間設計

259

鐵件隔屏界定玄關空間 工業風的設計風格，多半直接且充滿個性，鐵件運用相對提高，一進門右側隔屏便以鐵件作為結構，區隔空間之外也能達到保持光線通透的效果。圖片提供 © 韋辰設計

⊜ **材質細節**。簡單的分割之下，搭配不同紋路的玻璃材質，如直紋玻璃、噴砂玻璃等，突顯材質的細節。

260
紅褐色進口磚牆表現工業風的主調 想要有磚牆的質樸感覺，卻不想要有老牆的台灣古早味，於是採用進口的復古磚，呈現出較細緻而悠閒的英國風。而為了不讓牆面過於單調，亦懸掛一張黑白攝影，發酵出人文的情調，於閒適自在之中，有英國紳士的優雅。圖片提供 © 慕澤設計

261
鮮豔色彩演繹另種工業風情 強調回歸空間本質的工業風，裝潢工程會盡量降低，因此常見外露管線，專賣西班牙燉飯的這間餐廳，西班牙元素混搭工業風有別以往工業風給人冷冽的形象，店內使用鮮黃、桃紅色等高彩度色彩更是呈現西班牙的活力印象。圖片提供 © 直學設計

材質細節。經過特殊處理的進口復古磚，一樣具有磚牆的實體觸感，收斂了粗獷感，多了文人閒雅的味道。

材質細節。牆面一半為水泥塗料一半拼貼上磁磚，半完成的視覺感流露工業風的粗獷風格。

262

冷暖色調中也有東西輝映 用紅褐色的文化石牆，呈現舊式的台灣建築意象，另一側的灰色大圖輸出，則又有歐洲橋墩的古樸風格，東西輝映，交錯出不同的懷舊情感。天花板則在灰色的基底上，擷取枕木的意象，將夾板木結構製造出假樑的效果，也同時融合了灰牆和紅牆的冷暖色調。圖片提供 © 雅堂空間設計

材質細節。 紅磚砌成的牆面，設計師將它再刷白處理，大幅平衡空間冷調性質之外，同時也能映襯屋主蒐藏品的特色與美麗。

263

草綠色背牆為空間添綠意 在一片灰黑的無彩度空間中，客廳背牆刻意選用草綠色作為跳色，繽紛的用色成為凝聚空間的視覺焦點。同時低尺度的傢具，也不佔空間，適度留出空間餘白不顯擁擠。圖片提供 © 方構制作空間設計

材質細節。 青綠色的背牆成為空間中的亮點，與陽台綠意相呼應，並裝飾色彩鮮豔的現代畫作，展現屋主的獨到品味。

材質細節。吊燈選用營造工業風常會使用的船艙燈,其防爆燈罩的設計概念源自於為了避免在搖晃的船上爆裂傷及乘客。

264

日式 zakka 結合工業風的嶄新意象 專賣日式漢堡排的餐廳,運用日式 zakka 雜貨與工業風結合出新的意象,除了工業風常見的管線外露、鐵件與吊燈外,更多的是生活感的元素,深灰牆上架上六個木箱成列新鮮蔬果,旁邊專門訂製的生啤酒架,不僅實用也有裝飾功能。圖片提供 © 直學設計

265

文化石牆貼上灰階大圖輸出 左牆以紅褐色的文化石為基底,再貼上葡萄牙街頭藝術家頭像的大圖輸出,讓空間的老舊質感更多了人文的情感。而為了減低左牆和吧檯桌的灰色冷調,右牆仿自古歐洲的煙囪壁爐,讓爐內的紅熱電光,增添暖意,再搭配 12 條紅色鐵線紮組而成的的愛迪生燈泡,散發溫馨的工業氣息。圖片提供 © 雅堂空間設計

材質細節。灰色大圖是拍自在街牆上鑿刻的畫作,因此在頭像周邊和嘴上鬍髭還可看到磚牆打鑿的痕跡,正好和紅色的實體磚牆呼應。

266

🔘 **材質細節。**磁磚拼貼時特別留意間縫問題,刻意貼得緊密,突顯細膩質感。

267

🔘 **材質細節。**鐵件加上方格玻璃門,半透明、朦朧的視覺,也微微透出讓人懷念的復古味道。

266

灰階磁磚形塑冷冽效果 空間尺度夠大,於是設計師運用帶灰階色系的磁磚來做揮灑,成功形塑出工業風中冷冽效果,具份量的存在感也成為室內的亮眼焦點。圖片提供 © 大雄設計 Snuper Design

267

結構本質示現另種裸露概念 臥房與更衣室之間同樣也是運用結構本質來呈現裸露概念,兩者之間以未做滿形式的方格門做區隔,帶出另類的結構裸露,也間接創造出視覺的高度。圖片提供 © 方構制作空間設計

268

質樸水泥粉光牆面 工業風的特色是房子的原貌不經修飾，呈現出簡樸懷舊的印象。於是，電視牆以水泥粉光構成，自然原始質感，呼應工業風率性且不多加修飾的態度。圖片提供 © 韋辰設計

269

懷舊的色彩和復古的磚牆共存於客餐廳 為避免一般牆面的單調，以一面墨綠色的大牆，營造具有主題性的空間感，並透過投射燈的照映，顯得慵懶舒適；再搭配另一側紅褐色的磚牆，形成低調又漂亮的顏色對比。這兩面具有復古的設計元素，完整呈現在開放式的餐客廳，特別能營造出人文咖啡館的情調。圖片提供 © 慕澤設計

材質細節。 重新規劃的格局在砌好磚牆後，便僅以粉光呈現水泥的質樸感，不過最後有再上一層霧面潑水劑，可防止起砂的情形。

材質細節。 工業風的設計既可以透過材質粗獷的質感，也可以運用顏色和燈光的搭配，烘托出懷舊的氛圍。

270

⊜ **材質細節。**鐵邊實木板餐桌搭配設計師親手設計的深灰色木椅,與經典的拉扣卡座沙發,在暈暗的燈光下呈現一股復古情懷。

⊜ **材質細節。**將建材原色融入空間色彩元素,讓清水模與水泥的灰成為空間主色,統一整體調性。

271

270

牆上架設鐵網增加空氣重量 水泥粉光牆面外加上一層鐵網,除了增加設計中的灰暗重量,也能懸掛畫作增添空間的人文氣氛。而因為工業風捨棄天花板的施作,光線多半使用吊燈與軌道燈,讓空間的氣氛更是靈活多變。圖片提供 © 直學設計

271

讓建材原色成為空間主角 以粗獷材質形塑空間個性,利用沉穩的灰色統一調性,再藉由仿清水模漆、水泥粉光等材質做出層次變化,豐富視覺感受。圖片提供 © 裏心設計

272

272

鐵件方格隔間展現美式風格 為了不使空間變得狹隘,利用鐵件和玻璃作為衛浴的隔間,金屬的元素帶出俐落線條,而方格的設計則展現了經典的美式風格。圖片提供 © 方構制作空間設計

◉ **材質細節。**衛浴以大量的白鋪陳,在淋浴區的壁面運用西班牙花磚,繁複而典雅的花紋,成為空間視覺焦點,從客廳望去,便形成一方美麗的端景。

273

奢華熱鬧的百老匯工業風 現在市場上的 brunch 早午餐店都是走女性柔美路線,例如義大利水都風格、法式花園風格等,這裡有別小女孩情懷,運用工業風結合 Art Deco,以黑色、金色、銀色作為整體主視覺,打造有如同紐約百老匯般的熱鬧、奢華空間氣氛。圖片提供 © 直學設計

◉ **材質細節。**牆面上以金、銀兩色框出幾何線條,並以燈泡裝飾出少有人詮釋的紐約百老匯工業風情。

273

🔘 **材質細節。** 即便紅磚有些微缺角也呈現自然樣貌，溝縫刻意不填滿，重現工業時代的畫面。

274

不假修飾的紅磚牆 源自舊工廠、舊倉庫空間的工業風，最大特色就是保留既有的牆面，因此沙發背牆便以紅磚砌成，刻意不加以修飾，表達出工業風不需遮掩的率性感受。圖片提供 © 韋辰設計

275

黑板牆增加隨性居家情調 喜歡去咖啡館的夫妻倆遇上了工業風，很快地找到契合的品味共識。廚房旁運用黑板牆作為留言版，也可當作孩子們的塗鴉牆，女主人研究咖啡豆、試作烘焙料理時，同時紀錄在黑板牆上，當下又變成烹飪教室。攝影 © 蔡宗昇

🔘 **材質細節。** 整面覆蓋的黑板牆以三層磁性漆打底，加上兩層黑板漆所形成的磁性黑板設計，營造出一種充滿隨性的美式小餐館咖啡館風格。

⊜ **材質細節。** 向公賣局和雜貨店收集酒瓶蓋，經過篩選和修整後，用透明的矽利康膠黏著，形成如金屬的馬賽克拼貼牆。

276

用台灣啤酒瓶蓋做成金屬馬賽克 為表現台灣文化，電視牆壁面用 6520 個酒瓶蓋黏貼而成，形成金屬馬賽克，近看則有台灣啤酒和米酒的圖騰標誌，且具有吸音效果。對面牆同樣用木纖維製成吸音板，且用倒角做成磚塊的感覺，隱含了草屋堆疊的元素，再搭配牆上畫的馬，儼然而有「馬窖」的房間之名。圖片提供 © 雅堂空間設計

⊜ **材質細節。** 讓人誤以為是間小酒館的餐廳，外表除了使用文化石牆外，工業風的常客—鐵件也沒有缺席，鐵製的遮雨棚與窗框、門框，打破一般人對韓國餐廳的刻板印象。

277

深灰文化石牆跳脫韓式印象 位於臺北東區的韓式餐廳，期許餐廳給人非傳統韓國的印象，以時尚小酒館 bitro 為設計理念，外牆運用深灰色的文化石營造工業風的斑駁印象，壁面仿舊、磚牆的效果，是結合文化石與填縫劑，運用手工才能帶出髒髒、舊舊的感覺。圖片提供 © 直學設計

278

🔵 **材質細節。**貼覆仿清水模磚時仍有注意水平與垂直線條的處理，加強逼真感。

278
仿清水模磚造營造粗獷感 工業風居家的壁面相
當強調水泥感特色，設計師選用仿清水模磚砌出
一道牆，雖然並非真實的水泥材質，但仍舊把自
然、原始、不造作味道給呈現出來。圖片提供 ©
大雄設計 Snuper Design

151

⊜ **材質細節。**磚牆紋理充滿粗獷、原始風情，現有水泥樑柱保留敲打後的凹凸紋理，呈現未經修飾的質樸氣息，
　在傢具設計的細節上著墨，讓工業風格更加細緻化。

279
特色鋼樑柱，呈現粗獷工業風情 牆面沿用舊
有的紅磚紋理刷上白漆，結合補強鋼構及未
經修飾的水泥柱，呈現冷冽的工業風格，搭
配設計師細緻的木作櫃體與質地溫暖的傢具
商品，整體空間營造衝突的視覺饗宴。圖片
提供 © 鄭士傑室內設計

280
水泥＋紅磚，新舊並陳展現特色 通往一至三
樓的透天樓梯，以一半水泥、一半紅磚牆作
為空間特色，做出材質的趣味效果，頂樓的
開放式玻璃罩也能延攬光線，讓陽光能從三
樓直射一樓，提升空間的採光度。圖片提供
© 鄭士傑室內設計

⊜ **材質細節。**原先紅磚牆那面的牆面壁癌嚴重，設計師將壁癌除去後，以水
　泥的「新」結合紅磚牆的「舊」，在材質混搭上玩出新花樣。

281

灰磚＋鐵件＋黃光，冰冷中帶有溫度感 為了引入自然光的獨特效果，設計師將原始鐵皮屋全部拆掉僅保留結構，使用少見的灰磚，加上黑鐵件，粗獷的素材營造出獨具特色的工業風效果，加上使用溫潤黃光，在冷冽色調中透露出些許溫暖感受。圖片提供 © 禾方設計

282

紅磚＋木板模，營造復古風情 酒館前身為採光不足的鐵皮屋，設計師將樓板挖空引進窗外的光源，並設計二樓高的吊櫃，串聯一二樓空間，延伸視覺動線。右方的紅磚是原始磚牆上漆後的效果，為了營造復古工業風概念，設計師希望能保留部分素材，透過替換顏色，保留建物的原始風貌。圖片提供 © 禾方設計

⊜ **材質細節。**具質感的灰磚搭配沉穩的黑鐵件，營造獨特的空間氛圍。

⊜ **材質細節。**展示吊櫃以樓工地板模組成，搭配既有的紅磚牆與水泥粉光地面，產生具質感的工業風視覺效果。

283

⬤ **材質細節。** 和傳統紅磚牆不同，設計師使用仿美式復古文化石，表面特別立體，凹凸不平的鑿面增添原始風情。

284

285

⬤ **材質細節。** 為模擬磚牆經歲月洗滌的斑駁感，即使素材有些微缺角瑕疵也融合使用，溝縫也不全部填滿。

283
立體紅磚，強化原始觸感 以「ABRAZO」（西班牙文的「擁抱」）為酒吧名，雖為工業風商空，但裡面以溫馨、充滿居家感受的設計理念為主。以帶有溫暖意象的紅磚為牆面主體，加上局部光線點綴，讓人走進酒吧彷彿有回到家的感覺。圖片提供 © 京璽國際股份有限公司

284+285
質樸磚牆模擬歲月洗鍊感 源自舊工廠、舊倉庫空間的工業風，最大特色就是保留既有的牆面，因此沙發背牆便以紅磚砌成，即便有些微缺角也呈現自然樣貌，溝縫刻意不填滿，重現工業時代的畫面。圖片提供 © 韋辰設計

286
清水模感牆展現素材魅力 樓中樓挑高牆面以清水模塗料擬真，大面積呈現突顯氣勢，樓梯以鋼板為結構，玻璃為扶手，簡單的線條，材質的純粹性，在這面牆景展露無遺。圖片提供 © 雲邑設計

🍶 **材質細節。**清水模若以灌鑄施工，要考慮樓板承重問題，以清水模塗料施工不但重量減輕，完工品質掌握率也高。

286

287

287

水泥與木表面肌理不謀而合 相對於水泥的質樸簡單，板材的變化性高，其中含有木纖維的鑽泥板，表面粗獷的肌理正好與水泥不加修飾的調性一致，彼此互搭可以強調鮮明的空間個性，同時又能柔化水泥的冰冷，為空間增添溫度。圖片提供 © 非關設計

🔘 **材質細節。** 鑽泥板的木屑壓縮質地，與水泥粉光地板調和出質樸氣氛。

288

288

不假修飾的主臥水泥粉光牆 主臥延續公共空間的設計元素，以水泥粉光牆面為背景，沒有多餘的裝飾性物件，展現的反倒是屋主添購的寢具、單椅，讓空間更有生活感。圖片提供 © 韋辰設計

🔘 **材質細節。** 床頭的水泥粉光牆面，為空間帶出素樸、自然的氣氛。

289

🔘 **材質細節。**本身就具有粗糙紋理的文化石，能呈現出原始自然的風格特色，與粗獷的水泥粉光恰好相輔相成。同時一旁運用溫潤的鋸痕紋木皮鋪陳的電視牆，則帶來溫暖療癒的感覺。

289
鄉村風與工業風的碰撞 在需要多元風格空間的攝影棚中，刻意運用文化石牆帶入鄉村風感性的溫暖，與水泥地坪的原始粗獷碰撞出令人驚艷的完美混搭。具紋理的磚牆，再佈置上、下交錯排列的畫框，有時代感的傢具和配件，便形成最佳的拍攝佈景。圖片提供 © 摩登雅舍室內裝修設計

290
時代語彙同調的完美混搭 在小小的衛浴空間中，以鏽銅木紋磚鋪陳壁面，營造出斑駁仿舊的時代感，地面則刻意選擇單色歐式花磚，不同材質卻同樣呈現復古的設計語彙，讓空間風格同調，同時也完美展露工業風與鄉村風的巧妙混搭。圖片提供 © 摩登雅舍室內裝修設計

🔘 **材質細節。**衛浴延續使用了主空間中的鏽銅木紋磚，使空間材質統一，也成為強化工業風格的設計手法。

291

🔵 **材質細節。**一般水泥粉光讓人印象是單色呈現較為單調，設計師特別實驗做出紋理漸層，讓偏冷素材表情更生動。

291

漸層水泥粉光牆營造亮點 一樓公共廳區置入水泥粉光、紅磚牆這類原始自然的工業感素材，特別是沙發背牆的水泥粉光，可是設計師不斷試驗而來的心血，擁有一般水泥粉光罕見的漸層色彩效果，也較為細緻。圖片提供 © 緯傑設計

292

貫穿二樓紅磚牆流露歲月感 為傳達工業感的原始、粗獷意象，垂直牆面刻意敲打至見磚面，整齊排列的管線則扮演裝飾功能，強化工業風的結構性。圖片提供 © 緯傑設計

🔵 **材質細節。**挑高天井牆面則是刻意敲打至原始紅磚面，比起其它材質，紅磚牆越能有歲月的痕跡感。

293

⊜ **材質細節。**屋主自行鞣染的皮革製成的皮革電視牆，空間也有居住者的故事。

294

⊜ **材質細節。**衛浴延續使用了主空間中的鏽銅木紋磚，使空間材質統一，也成為強化工業風格的設計手法。

293

手染皮革電視牆隨時間更有光澤 為了讓這個家更有屬於屋主的個性，設計師將電視主牆設定的皮革材質交由身為皮件設計師的屋主處理，「這塊皮革是我自己染的，很多人用皮革繃電視牆，屋主用植鞣皮革，它的優點是會越用越亮、越來越好看。」圖片提供 © 緯傑設計

294

杉木染色拼貼帶出自然況味 主臥在工業風的原始架構下，加入溫潤的木頭素材，回應屋主對休憩氛圍的期許，因此，床頭主牆並不以舊木料鋪貼，而是選用杉木板染出樸實的色調，格局上也刻意退縮，創造出舒適的陽台，與相鄰的山壁綠意更為親近。圖片提供 © 緯傑設計

295

◉ **材質細節。** 質地各異的建材透過鐵建框架串聯，完成一道個性十足的端景隔屏。

295

混搭材質展現牆面趣味 為了因應建築格局一進門就看到廚房的「開門見灶」問題，設計師製作了一道包含清玻璃、沖孔板、銀霞玻璃、木棧條等建材的隔屏，利用鐵件結合，呈現工業風建材縮影的有趣拼貼意象。圖片提供 © 東江齋設計

296

客廳背牆展示男主人珍愛 CD 收藏 在多樣粗獷工業風建材環繞下，沙發背牆漆白，平衡全室視覺；融入男人喜愛的天籟、原住民音樂 CD 作裝飾，簡單的黑色展示架作陪襯，單純利用各式封面設計呈現獨一無二的居住者個性。圖片提供 © 東江齋設計

◉ **材質細節。** 白色牆面作為男主人收藏 CD 的展示牆，讓空間充滿真實原貌的生活感。

296

⊜ **材質細節。**加入木絲元素的水泥板，不但表面立體更具層次，也在工業感的氛圍下平衡空間溫度。

⊜ **材質細節。**直接顯露水泥模板，容易予人冰冷感受，刷上白、綠相間的塗料，為空間注入律動和暖意。

297

木絲水泥板讓工業風變溫暖 使用屬於輕質建材的木絲水泥板作壁面材質，獨特清楚的立體木絲紋理，表現屬於木質特有的自然質樸個性，令冷調的工業風格溫暖許多。圖片提供 © 東江齋設計

298

鍍鋅金屬管搭配松綠牆面展現活力 鍍鋅金屬明管的蜿蜒、空調風管的延伸，搭配訂製的鍍鋅鐵盒燈罩，背景是裸露的水泥樓板及壁面，此時運用活潑的松綠色及運動風的白色雙線設計，冷調空間瞬間靈動起來，也為室內增添些許的綠意。圖片提供 © 東江齋設計

⊜ **材質細節。**隔屏的金屬結構和玻璃材質,簡單的造型搭配細緻的處理,帶出空間個性。

299

玻璃鐵件帶來穿透與延伸 玄關與室內之間不再另設隔間,而是採用玻璃鐵件訂製的隔屏劃分,讓小空間維持視覺的穿透舒適,亦有展示收藏的功能。圖片提供 © 彗星設計

300

復古磚牆作為空間襯底 此為三十年老屋改建而成的,由於本身屋高不高,再加上屋主希望加裝高質感的影音設備。因此拆除天花還原原始屋高,輔以經過縝密排列和選色的文化石牆面,強化工業風的粗獷感,同時採取 EMT 明管將音響電線納入其中,有秩序的排列也美化了空間。圖片提供 ©PMK+Designers

299

300

⊜ **材質細節。**牆面特地選用偏紅和偏橘的文化石進行排列,3:1 的紅橘配色完美呈現舊時的紅磚牆同時在填縫時刻意將水泥也抹在磚面,磚面吃色後更顯現出時代的斑駁感。

301

301

⊜ **材質細節。**水泥漆牆面奠定了空間的工業調性,同時在門片與床頭背板分別採用木質注入暖意,而地面則使用帶有木紋的塑膠地板不僅符合風格,也有效節省預算。

301

手工刷痕的水泥牆面 主臥牆面以仿水泥的手工漆特意做出刷痕,呈現親手打造、不刻意造作的樸實感受。木製的軌道拉門配以黑色的訂製金屬手把,宛如穀倉門的設計語彙,流露出舊時的時代氣息。床頭則另用木皮的溫潤質感,試圖為主臥納入暖調的睡寢氛圍。圖片提供©PMK+Designers

302

302

⊜ **材質細節。**木紋明顯的松木用作櫃面材質使用,能夠凝聚空間重心,淺色的木紋與深色超耐磨地板形成對比,讓櫃子更為突顯。

302

獨特松木躍升成空間主角 在全開放的公共空間中,將一般作為木製品底材的松木夾板,運用其獨特的表面花紋躍升成空間最矚目的視覺焦點,做出包覆一整面的收納櫃,拉長的櫃身讓視覺更具延展,櫃子上方的冷氣風口也隨之加寬加長,延續統一的視覺感受,呈現大器風範的空間氛圍。圖片提供©東江齋設計

⊜ **材質細節。**訂製的鐵件樓梯不僅強化結構，鏤空的設計也在狹長的屋型中讓空間不顯厚重。

⊜ **材質細節。**巨大柱體運用寬度不一的鍍鈦金屬相互拼接，讓牆面不顯死板，並於廊道上方加上木格柵，隱諱暗示行進方向，也增添豐富的空間表情。

303

橘色樓梯為空間添明亮 這是超過三十年的長形老屋，將鐵件樓梯重新刷漆改為橘色，正好迎入窗邊陽光，為空間增添明亮色系。同時更動了格局，在樓梯右側設置主臥，寬大的拉門有效延伸空間，主臥背牆則以不同色澤的文化石進行精密的排列，呈現錯落有致的視覺感受。圖片提供 ©PMK+Designers

304

亮面鍍鈦有效減輕沉重視覺 在 140 坪的空間中，以開闊大器的設計為主軸。通往主臥的廊道轉角有一根龐大的柱體，表面以鍍鈦金屬包覆，減輕視覺沉重，且在大理石和木質元素為主的空間中，不同素材的混搭反倒成為吸睛的目光所在，為空間創造焦點。圖片提供 © 奧立佛室內設計

305

材質細節。選用最能展現時間流逝的回收木材，獨特的表面紋理，能帶來豐富的視覺張力。

306

材質細節。選用偏灰的文化石，藉此與工業風同調，並以深色的溝縫創造磚牆線條，讓紋理形狀更為銳利可見。

305

凹凸有致的二手木牆 在充滿水泥牆面和地坪的冷硬空間中，選用二手回收木妝點櫃台，不僅能定義空間分區，同時溫潤的木質也能注入暖度，不致顯得過於冰冷。牆面刻意做出凹凸有致的效果，厚薄不一的拼接，使紋理更加富有層次。圖片提供 © 奧立佛室內設計

306

引人矚目的服裝展示區 在最需要吸睛的店面展示區以文化石牆襯底，深淺不一的色澤與清晰的紋理勾勒出令人驚艷的視覺效果，並傳達出粗獷復古的店面精神，藉此留住路人腳步。牆面邊緣則用二手木收邊，仿舊的原始韻味增添自然不羈的隨性態度。圖片提供 © 奧立佛室內設計

307

環環相扣的元素強化風格 此原本就是作為咖啡廳的店面空間,直接沿用原有的木製招牌,僅在外層以鐵件環環相續,形成縱橫交錯的網狀結構,視覺變得更為立體;店名也納入如齒輪的圖像,同時外牆大窗也以輕鋼構為支柱,富有層次的元素應用,強化了整體空間的工業風調性。圖片提供 © 奧立佛室內設計

308

陽剛味十足的腳踏車裝飾牆 由於臥房主人是年輕的大學生,再加上喜歡運動,因此設計一道牆面將腳踏車、滑板等運動用品全部掛出展示,為空間注入陽剛性十足的風格調性,搶眼的亮綠色成為空間中最具特色的焦點。圖片提供 © 奧立佛室內設計

材質細節。外牆以 H 型鋼勾勒出線條,在不刻意遮掩的情況下,與招牌的金屬鋼絲相呼應。而木製招牌與金屬的絕妙搭配成為吸睛的焦點。

材質細節。以鐵件架設出腳踏車掛架,並於壁面柱體貼覆實木,勾勒出框架,也成為壁燈光線的最佳展演區。

309

⊜ **材質細節。**有如巧克力般的磁磚交丁貼並填白縫，營造復古美感，磚面四周斜切出立體感，光線照耀下反射低調光彩。

309
數大展現素材之美 衛浴牆面使用深色磚填白縫，細膩施工展現線性切割的機能美，牆腰加入白色磚點綴，增添變化。圖片提供 © 彗星設計

310
磚牆水泥交織出空間張力 原屋況壁癌嚴重，將牆面打至見紅磚，但不將水泥重新塗滿，而是有如即興創作般地塗抹，模擬斑駁古舊的樣貌，加上打開隔間牆面，樓梯扶手以深色鐵件處理，營造出戲劇化的效果。攝影 © 沈仲達

310

⊜ **材質細節。**一般水泥多會反覆批土最後上裝飾材，直接裸露水泥會有粉塵問題，表面要再處理並上漆。

CHAPTER 4

傢具

圖片提供 © 隱室設計

311
椅凳

材質 多以鐵件、金屬、木料材質為主。

佈置 在搭配上可以用更隨性、自在的態度去做佈置，椅凳不只是拿來坐，也可以堆疊／收納書籍，在移動過程中，讓佈置與機能變得更有彈性。

圖片提供 © 雅堂空間設計

312
桌几

材質 主要有鑄鐵、二手木料甚至是貨櫃材料回收訂製可選擇。

挑選 以訂製大尺寸長桌可結合書桌機能，桌面可預留隱藏式插座，或是嵌大理石板，兼具裝飾與隔熱墊作用，想要更實用則是可選擇具升降功能的設計。

圖片提供 © 法蘭德室內設計

材質 多數為鐵件打造而成,或是鐵件與木料的結合,近來更流行以鐵製水管組裝為書架或是衣架。

挑選 如果希望空間多點溫馨,不要太過冷冽的工業風,可選擇木料比例重一點的櫃子,純鐵件或是水管書櫃的結構性相對較強,能快速地呈現工業風氛圍。

314 沙發

材質 主要為皮革、布料為主。

挑選 工業風給人一種很乾脆的印象,會建議在沙發的搭配上,以線條簡潔俐落的布沙發作佈置,或是復古型款的皮革,特別是帶有懷舊味道的老件,還能增添人文情感。

圖片提供 © 禾方設計

315

⬤ **材質細節。**從二手專賣店購買來的舊木,以人字形拼貼而成吧檯的設計,
讓線條跳動得更顯粗獷。

315

吧檯呼應屋頂甘蔗板的斜面走向 從門口天花板向內延伸的甘蔗板,
逐漸開展導引到吧檯的區塊,並作為以鐵件懸吊的二手舊木層板酒櫃
為背景,凸顯好酒好人生的品味。吧檯的設計也用二手舊木拼貼為人
字形,讓木頭的節點和紋理表現出深淺不一的自然原味,再擺放同樣
具有鐵件和實木元素為設計的高腳椅。圖片提供 © 大名設計

316

316

鐵刀木桌搭鋼腳大器穩重 餐廳的桌椅是 Fabric 加工廠訂作製成，
鐵刀木桌搭配四支鋼腳，沈穩大器。由於女主人也偏好美式鄉村
風，廚房牆面採用導角進口白色壁磚鋪陳，形成迥異於工業風的
小天地，洗手台選用陶瓷材質，廚房中島背板木工拼貼，中島內
外猶如工業風和鄉村風的一體兩面。圖片提供 © 植形空間設計

⊜ **材質細節。** 使用傢具：Fabrik 加工廠餐桌、學
生椅及工業吊燈。Luminant 時鐘。Crosstyle
丹麥家庭傳承約一百年的灰藍色抽屜櫃。

317

● **材質細節。** L型床架為10cm厚度板材，表層貼覆鋼刷木皮染黑，型塑沉穩低調表情。床架高度為25cm，特意將床腳內縮，表現出懸浮不笨重的輕盈視覺感。

317

紅色點綴沉穩黑、灰睡寢區 夾層下方就是屋主的睡寢區，開放式設計讓空間寬敞不狹窄，延伸全室的水泥灰色調配上黑色天花，點綴設計師精心挑選的黑白基調街景畫作，運用紅色穿插點綴其間，令簡單空間不顯冷清，反而帶點繽紛、豐富的個性氛圍。圖片提供 © 由里設計

● **材質細節。** 小酒櫃主體為鐵件，一邊的門片材質則選用擴張鐵網；層板採用松木實木，營造粗獷自在感受。

319

材質細節。從廚房的人造石檯面，到大量使用不鏽鋼材質的廚具和冰箱，呈現冷冽的工業極簡風格，和客廳的磚瓦暖度對比呼應。

320

材質細節。透過黑鐵、鐵網片或木層板等工業感建材所設計的櫥櫃，除了滿足收納機能需求，也凸顯風格。

318

鐵件小酒櫃是 party 靈魂 為了常常招待朋友到家小酌的屋主，設計師特別訂製了黑鐵件小酒櫃，配合上方橫樑與下方矮櫃，營造出內嵌的無縫質感。在搬運過程中，因為櫃體比做防護後的電梯超出兩公分，就是進不去！只能臨時找吊車來，最後小酒櫃是被「吊」上 11 樓的，成為設計師與屋主間緊張刺激的有趣回憶。圖片提供 © 維度空間設計

319

極簡、鄉村和輕古典的混搭 擷取舊式倉庫的語彙，破除所有隔間限制，打通廚房、餐廳、書房和客廳的公共領域，讓居住空間更形寬敞，也引進客廳大面的窗光。特別是長型的實木餐桌，也可做為全家閱讀和工作的場域，生活動線更方便，家庭情感更凝聚。圖片提供 © 思嘉創意設計

320

工業感建材打造風格機能 實際工業風的設計立場主要以實用機能為上，但是，當工業風進入家中後則不免要加重裝飾性的考量，因此設計師藉由高度工業感的黑鐵架構與鐵網門片來設計餐廳櫥櫃，加上吧檯旁的倉庫感層板櫃，都是解決機能又能增加風格元素的傑作。圖片提供 © 法蘭德設計

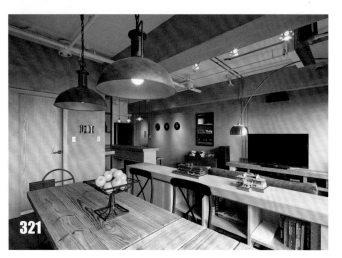

321

材質細節。訂製餐桌表面請木工師傅作風化處理，模擬使用很久的桌面，作成明顯凹凸觸感，下方鐵件腳架則與餐椅與吊燈相呼應。

321

仿古漆鋁製吊燈洋溢老件韻味 餐桌上方的吊燈是鋁製材質，運用仿古漆模擬老舊鐵製吊燈的陳舊韻味，但重量大大減輕，施工更加便利，相對也較為安全。下方則是紋理豐富的松木餐桌，拼板處理讓屋主能享受原木的質感，卻不用花上整塊實木一體成型的高昂價格。圖片提供 © 維度空間設計

322

增設吧檯搭配不鏽鋼材質表現個性廚房 原本 L 形的料理檯改成一字型檯面並增加吧檯，增添隨性無拘的生活情調，搭配能夠升降的鐵製吧檯椅，更能突顯餐區風格，而入口的腳踏車架位置，正好遮住龐大的冰箱。圖片提供 © 只設計部

材質細節。廚房區採用深色系，並採用不鏽鋼材質的檯面及廚房設備，讓金屬質感帶來強烈個性。

323

材質細節。注重細節的設計師除了選用全白牆面，連軌道燈、窗簾等周邊配件也改以白色設計，達到畫面的純粹感。

以衣物秀出真實生活色彩 整間臥房以簡約白色主調傳遞出純粹感，特別是採用不加掩飾的收納配置來取代傳統櫥櫃設計，巧妙地利用了建築結構的樑柱線條規劃出衣物區，並且讓衣物成為寢臥空間中最豐富的色彩，展顯了自然不做作的生活氛圍！圖片提供 © 天空元素設計

324

材質細節。由於栓木紋理清晰，因此在使用時有特別留意，就算運用在櫃體上也不會破壞整體美感。

材質肌理帶出工業感的個性美 入口玄關一隅的傢具櫃體以鋼刷栓木來做表現，無論是材質本身還是鋼刷技術，都將肌理清楚表露，也成功展現出工業感想傳達的個性美。圖片提供 © 威爾室內設計

325

◉ **材質細節**。金屬材質是工業風最重要的元素,因此選擇金屬材質傢具,就能輕易跳出工業風格。

325

附輪工業風桌創造空間多功能 客廳特別挑選了附有輪子的桌子,讓空間隨著桌子的移動,有更靈活的使用機能,當朋友來訪,可以結台中島吧檯,構成一個完整方便的用餐區。圖片提供 © 浩室設計

⊜ **材質細節。**透過原色材質營造出敦樸時空，既可讓人更快速沉澱心靈，也能凸顯古典傢具的年代美感。

⊜ **材質細節。**舊木材行通常會保留拆於舊房屋門窗，只要細心尋找可以挑選適合搭配居家整體風格的樣式。

326

發揮創意回收舊門片為空間畫龍點睛 位在公共空間的客用衛浴，除了以玻璃磚引入光線，拉門更是利用便是回收門片再利用，不但使整體風格更加顯明，也是環保意識的展現。圖片提供 © 只設計部

327

類倉庫感的傢具堆放擺飾 在工業感的水泥地板與鐵件、木條天花板結構中，設計師刻意採用類似倉庫推放的擺設方式，精心將古典床頭板如藝術品般地擺放窗邊，再加上多款古董餐椅、餐櫃與中世紀的古典款圓形吊燈，這些充滿人文的傢具配置讓這空間充滿想像與遐思。圖片提供 © 懷特設計

328

花旗松餐桌高度很講究 餐廳原本的位置是一個小房間，除了單身屋主平常用不到以外，獨立餐廳也是設計師對於生活品質的堅持。認為住家的「氣氛」很重要，不同空間就得要有自己獨有的場域主題，享受身處在不同角落的生活樂趣。圖片提供 © 維度空間設計

材質細節。三人座沙發骨架為原木榫接，採用柚木材質打造，表面塗料漆則為標準水性漆。

330

⊜ **材質細節。** 小小的衣帽間，也有各種不同的獨立機能。整體空間融合出工業的質感，卻又帶著木質調的細膩觸感。

329

風格傢具注入隨興美感 以深色文化石為背景牆，搭配簡約不失設計感的跳色傢具，在工業風中注入隨興美感。紅色條紋布沙發的座墊、靠墊皆為高密度泡棉材質，舒適度與美感兼具；而胡桃木板凳則為桌、椅兩用設計；一旁紅色抽屜櫃則附有輪腳，在收納機能中體現自由挪動的彈性功能。圖片提供 ©KC design studio

330

以不同材質分隔兩個衣帽間 延續工業風格，以木作材質為主的衣帽間，細節藏在鐵件的配置，開放式衣櫃的框邊、衣桿、衣架皆使用烤漆鐵件，抽屜的每一個提環也都是出國特別購買的鐵件，有精巧復古的造型，屬於男主人的獨特風格。圖片提供 © 思嘉創意設計

331

簡鍊直線勾勒精準工業感 工作區強調以收納機能為主設計，使用木作烤白的矮櫃將厚重書籍收納，也避開了視覺的繁重感，同時成功地將採光引入室內，提升空間的明亮感；至於黑鐵與木桌板的工作區則呈現簡單、俐落線條，強調出精準工業感。圖片提供 © 澄橙設計

331

⊜ **材質細節。** 懸吊於工作桌面上方的吊燈與桌櫃設計上下呼應，展現出簡約純粹的設計。

332

🔘 **材質細節。**喜歡陳舊復古質感的傢具，除了購買二手傢具外，利用船板、橡木桶、木棧板等不同的回收舊木創造傢具，能呈現較粗獷有型的傢具形態。

332

創意運用舊船板木製作餐桌 空間沒有固定式的木作櫥櫃，搭配屋主自己挑選的活動式傢具營造空間個性，餐桌更特別選用舊船板為桌面加裝金屬桌腳，創造獨特的個性餐桌。圖片提供 © 諾禾設計

333

H 型鋼底座原木桌，超有型 為營造出辦公自住兩相宜的工業風格，設計師特別選擇 H 型鋼底座的原木大餐桌，搭配形色各異的老式單椅，讓這裡成為員工開會及接待顧客的自由場域，當然也是下班後休閒放鬆的客餐廳及朋友聚會場所。圖片提供 © 優尼客設計

333

🔘 **材質細節。**H 型鋼底座的結構感強化了工業風格，而色澤不一的實木條則透露粗獷自由風。

334

334

改造老傢具成為空間新焦點 廁所內創意的以現有素材改裝佈置，化妝桌面是早期的縫紉機，而洗手枱則是設計師利用汽車變速箱改造，連水管也是未加修飾以原始樣貌直接呈現結構感。圖片提供 © 隱室設計

335

鮮橘色為生活注入生命力 考量居家屬溫暖的空間屬性，因此設計師在灰、黑色階的客廳中刻意安排一座鮮橘色的柔軟沙發，以色彩能量為冷調的生活注入更多生命力，同時與復古紅色的工業風造型立扇相戶呼應，成為個性風格中最吸睛的視覺焦點。圖片提供 © 法蘭德設計

材質細節。早期的縫紉機因為結構特色鮮明，常被重新利用改造成為裝飾邊桌使用，可以到拍賣網上去尋寶。

335

材質細節。在開放而無裝飾面材的工業風住宅內，不妨利用高彩度的色彩傢具來滿足空間裝飾感。

○ **材質細節。** 防水漆為 RC 外觀使用的滲透性保護劑，使用時不會加深顏色，除了防水功能，還能讓樂土強化至相當於花崗岩的硬度。

○ **材質細節。** 將木層板設計為流光板，除了夜晚有間接照明外，亦呈現光的流動。白天若拉開柔和的窗簾，有陽光、可通風。

336

混搭的材質充滿光的細節 女主人的更衣室，延續工業木作和鐵件的混搭，且加入玻璃隔板的現代元素。鐵件且不只廣泛運用在層板的框軸，也以剛毅的直角轉折，表現出設計感；並以鐵鏈從天花板撐起大塊層板，以免變形，穿衣鏡同樣從樑上以鐵件懸掛，十足的個性化。圖片提供 © 思嘉創意設計

337

直逼花崗岩硬度的防水樂土檯面 年輕的單身屋主，常常週末會呼朋引伴到家裡開 party，因此設計師特別移動原有的餐廳位置，擴大中島吧檯，使其成為新的住家機能中心。吧檯是以原有的中島作為基礎，移除原有的一字型人造石檯面，使用防水夾板打底，擴增使用檯面、改為ㄇ字型外，上面塗覆 5mm 厚度的樂土、防水漆才大功告成。樂土檯面與牆面相呼應，讓工業風住家更具備一致性。圖片提供 © 維度空間設計

⬤ **材質細節。**採用杉木實木板訂做沙發與桌几底座，並加裝輪軸，增添空間配置的彈性。

338

訂製傢具工業感中顯趣味 以水泥粉光鋪陳沙發背景牆，安裝粉藍色噴漆管線，增加牆面的線條趣味，同時搭配特別訂製的沙發座椅，運用明亮沙發布色彩，彰顯活潑的視覺趣味，並於牆面安裝照明壁燈，呼應隨時可更換的傢飾掛畫，讓質樸灰牆瞬間生動起來。圖片提供 © KC design studio

339

吸睛吊燈點亮空間、散發溫暖 工業風格的空間會適度加入照明光源，補足所需光源也注入溫暖。本案餐廳裡除了天花板使用筒燈外，也掛上了畫龍點睛的吊燈，美化空間的同時也讓室內散發滿滿的暖意。圖片提供 © 邑舍設紀

⬤ **材質細節。**吊燈在配置時應留意與餐桌之間的高度，切勿過或高，而讓燈具無法發揮它應有的照明作用。

340

淺色傢具製造清新的對比效果 空間裡沉靜在一片深色系當中，為了製造點具跳躍與對比的視覺效果，傢具以淺色系為主軸，像是米色的木質單椅、白色高腳椅等，與整體空間相對應對比色系效果呈現出不一樣的視覺張力。圖片提供 © 尚揚理想家空間設計

⬤ **材質細節。**傢具雖然同屬淺色系，但材質卻別有區別，有的是塑膠、有的是木質，為同色系創造點小變化。

⬤ **材質細節。**廚房的系統板材有多種木材紋理及顏色可選擇，可以依照空間風格搭配出不同的廚房效果。

341

大膽採用仿舊板材讓廚房耳目一新 為了讓開放式廚房符合整體風格調性，大膽的選用仿舊木紋理的系統板材，搭配不鏽鋼檯面，產生粗獷與精緻的衝突美感。圖片提供 © 浩室設計

⬤ **材質細節。** 傢具選擇之間材質彼此有關連，像是都帶有皮革性
質等，配置起來易上手，也不會覺得突兀。

342
工業感傢具讓空間風格更有型 客廳區裡配置了仿舊拉扣皮
馬鞍皮沙發、舊皮箱等，甚至還在地上鋪上一塊牛毛皮草，
這些帶點粗獷感的工業風傢具，搭配相同材質的不同物件，
讓風格更到位、空間更有型。圖片提供 © 威爾室內設計

343

◉ **材質細節。**手工訂製的沙發，選用特殊水染皮 ambrosia 的色澤；在講究柔軟的膨度之餘，也以皺褶處理表現古舊的味道。

344

◉ **材質細節。**開放式鐵管衣架非常適合簡
　單收納的人，只要區分冬夏衣物即可，
　換季衣物收拾放在收納櫃。

343

灰色文化石牆下的水染皮沙發更亮眼　水染皮的牛皮沙發，以特別的黃色系讓整個空間有活潑的跳色感，選用同色系圓形茶几來呼應沙發的色彩調性，桌邊兩個鐵環把手，則散發工業原始的味道。桌下擺放大張拼貼的牛皮地毯，顏色的豐富性和特殊形狀，大膽表現原野的氣息。圖片提供 © 大名設計

344

鐵管衣架換取衣櫥空間　設計師採取鐵管拼湊裝置衣架，鐵管可適度伸縮鐵桿長度，更具使用彈性。一方面木作衣櫥價錢高，再者又占空間，更衣間因節省櫃體，反而獲得空間深度加乘效果。屋主雖偏好簡潔空間，但又不要出現浪費的閒置空間，除了更衣間還有一張訂製的梳妝台，其實在房門後方也有設置層板。圖片提供 © 植形空間設計

345

運用現成金屬元件創造多功能置物平台　餐廚主牆面利用細鐵管彎折成支架，搭配木層板設計一座置物平台，不但具有展示收納機能，同時也可以是家中貓咪的跳台。圖片提供 © 只設計部

346

木頭的溫暖結合鋼材的冷冽　在充滿大地色調的木質色系中，兩張聚碳酸酯材質的單椅就像抹上了一點綠意；通往私領域的門則以木作設計成穀倉的形式，又有鄉村的語彙。書架、收納櫃、桌椅腳則使用鐵件，讓空間更多了陽剛味，特別是臨窗的邊台以鋼材表現冷冽的色調，檯面則以黑色人造石形成對比，更顯粗獷。　圖片提供 © 思嘉創意設計

345

346

⊜ **材質細節。** 手作也是工業風的精神之一，利用現成金屬零件掌握層架結構，就能發揮創意創造居家視覺焦點。

⊜ **材質細節。** 實木書桌的自然原味搭配 H 型鋼架的書櫃，冷暖對比，簡單俐落，加上垂掛的燈具，更有工業感。

347

⬤ **材質細節。** 柚木有偏黃與偏紅兩種，空間裡特別選以偏黃的種類為主，提供所需的溫潤感，同時也會避免過於老氣。

347

柚木鐵件傢具品味質地特色 餐廳區傢具選以柚木結合鐵件的形式為主，由於兩者的材質質感鮮明，除了適用於工業風格，也能藉由兩者的結合，襯托特色。圖片提供 © 尚揚理想家空間設計

🔘 **材質細節。**OSB 木板常見於歐美居家，將木材打碎加壓而成，表面具清晰碎屑紋理，充滿樸實味道。

348
租屋中性感設計耐用美觀 為考量各式各樣的租客客層，在月租套房空間中，以白牆、灰調、木質建構出中性工業特質。左側灰色牆面為空心磚材質，並以環保 OSB 木板作出桌面與櫃體規劃，不僅符合經濟效益，更兼具堅硬耐用的特質，符合租屋需求。圖片提供 © RENODECO Inc.

349
藉素材原貌突顯餐廳質感 餐廳區藉由實木傢具做鋪陳，剛好延續公共區以運用材質突顯風格的調性。循實木條件裁切出的傢具，鮮明的肌理與清晰的節點，帶出不造作味道也拉出餐廳質感。圖片提供 © 威爾室內設計

🔘 **材質細節。**傢具主要是以實木為主，但在椅腳則是特別挑搭配了鐵件的款式，帶一點中性也與空間風格相呼應。

350

冷調空間裡的色彩跳動 工業風的空間偏屬於冷調性，為了平衡整體色彩，適度在其中搭配些顏色鮮明的傢具，除了活潑空間的視覺，也替環境帶來點色彩溫暖。圖片提供 © 邑舍設紀

🔘 **材質細節。**彩色單椅的材質也很講究，包含鐵件與木質款式，藉由質地給予空間不一樣的觸覺感受。

🔘 **材質細節。**為了避免增加封閉式空間的壓迫感，在天花板上順著建築結構設計出立體的造型，不只增加視覺趣味，也減少了屋高的壓縮。

351

穿透材質傢具打造輕巧用餐區 餐廳位於住家廊道的一隅，以「穿透」為主題，運用塑料餐椅、玻璃結合不鏽鋼骨架的餐桌等傢具，令視覺上更加輕巧、不占空間；搭配橘色烤玻與摩洛哥風玻璃吊燈，利用燈光暈染，與其他空間的簡潔冷冽面貌作出區隔，摹繪溫暖用餐情境。圖片提供 © 維度空間設計

🔘 **材質細節。**餐櫃檯面與玄關櫃檯面皆使用純白的透心美耐板，除了原本耐用的優點外，切割後也不會出現內外顏色不一致的情形。

352

俐落設計詮釋出輕工業風 在灰色的空間中，設計師先以塊狀量體的梧桐木櫃設計來增加空間實體感，並利用紅色色塊的跳色點綴使室內升溫，而輕盈雅致的傢具則呈現現代化的美感，同時也讓這棟原本屋況極差的老房子有煥然一新的感覺。圖片提供 © 天空元素設計

353

🔵 **材質細節。** 天花板清晰可見板模的遺留痕跡，不同於如今光滑細膩的天花處理方式，板模痕跡更添質樸情調。

353

√ 型鐵製凹凸懸浮書桌 L 型夾層主要是屋主的公共區域，長邊為客廳；短邊寬度為 180cm 左右，則是規劃為書房、工作區用途。訂製 V 型書桌是直接焊在鐵欄杆上，作無腳設計，簡潔無多餘線條，或站或坐使用都很方便。後方置勿櫃有幾格作雙層套櫃，方便整個格子直接取出、搬移瑣卒小物，也是日後學美術的屋主親手塗鴉彩繪的預定位置。

圖片提供 © 由里室內設計

354

木感與鋼性的工業風餐廳 因了解屋主對於工業風的喜愛，在廚房中除了延續水泥感的灰冷色調，更運用不鏽鋼檯面搭配實木條底座來設計吧檯，搭配實木長桌板、鐵件底座的大餐桌，以及彩色的復古餐椅，讓工業感空間增加人文與溫度感，呈現實用又繽紛的用餐氣氛。圖片提供 © 法蘭德設計

355

金屬材質結合異材質調合空間感覺 配合屋主個性及喜好，客廳櫃體及桌子皆以黑鐵烤漆製作，並以色彩及異材質來變化櫃體，使空間不會過於沉重。圖片提供 © 隱室設計

🌓 **材質細節。**除了主餐桌與吧檯外，鋼鐵材質的工業吊燈、軌道燈，還有不鏽鋼面材的冰箱等配件，都能為工業風加分。

🌓 **材質細節。**最能表現工業風的金屬材質，容易使居家空間太冰冷，結合較為溫暖的木材質能緩和冷調氛圍。

356

LOFT 風，老傢具的最佳背景 在灰泥色調的地板上，一道由仿真壁紙鋪陳而立的紅磚牆，襯托著帶有歷史光澤的骨董釘釦式皮沙發、皮箱式桌几，以及壁掛的麋鹿獸首、堆疊單椅等，一件件讓人愛不釋手的傢飾單品如時光倒流般在城市的軌跡中重現，而仿舊色彩的工業風空間正是它們的最佳背景。圖片提供 © 懷特設計

357

工業風學生椅打造實驗室 工業風結合學生桌椅，形成彷彿學院實驗室的空間趣意。木作學生椅為台灣自製，可上下堆疊方便收納，椅背還可見各式英文字母，充滿童趣意味，並於一旁不鏽鋼長桌面上，配置自家製的手工ㄇ字型桌燈，並採用低溫 LED 燈泡，帶來宜人的光感及溫度。圖片提供 © RENODECO Inc.

⊜ **材質細節。** 溫暖的燈光與空間色調，加上倉庫感的櫥窗式擺設，恰可讓店內客製化的設計傢具更顯色、有味道。

⊜ **材質細節。** 地坪為混凝土材質，並採鏝光處理，表面孔隙封閉、密實，烏亮平順。

358

359

● **材質細節。** 柚木材質穩定性較高、硬度佳、耐潮不易變形，且不同於高價的柚木，較為經濟實惠。

358

黑鐵實木櫃體透出工業冷感 空間中所使用的櫃體是黑鐵結合實木材質製作而成，整體帶一點點粗獷和斑駁，讓空間一隅透出工業風的冷感味道。圖片提供 © 邑舍設紀

359

桌體餐櫃加強載重 通透輕盈 餐廳區域在天花板上設計懸吊餐櫃，運用黑鐵件倒鎖天花，製成開放式鐵架，用以收納物品，在實用機能中兼具通透美感；並且採用柚木實木集層為桌體材質，採用乾燥的原木角料，以集成工法接合而成，不僅具天然紋理，更不易發霉生蟲。圖片提供 © KC design studio

● **材質細節。** 選用活動傢具，在移動過程中讓佈置與機能都變得更有彈性。

360

360

混搭不同金屬材質打造工業感廚房 廚房區域經常會接觸到水，因此以烤漆黑鐵打造吧檯，後方的電器及家電櫃也採用不鏽鋼金屬面，並刻意將排油煙機管線外露，呈現講求使用功能的工業感。圖片提供 © 諾禾設計

● **材質細節。** 黑鐵因為接觸到空氣濕氣，表面非常容易氧化，經過烤漆後能阻隔濕氣，較能防止鏽蝕情況。

361

是牆，也是廚房的酷吧檯 因為客、餐廳同時也是工作區，為了統一風格並滿足
需求，刻意將原本在屋後端的廚房移到公共空間，且以水泥粉光材質打造中島
吧檯，讓廚房變得既前衛又有個性，從外部看過去有如半牆般簡潔，但內部卻
是不折不扣的實用吧檯。圖片提供 © 優尼客設計

361

材質細節。廚房內大量採用水泥、不鏽鋼與鐵件材質，呼應了公共空間的俐落本質。

⊜ **材質細節** • 透氣合成皮材質除了使用不悶熱外，清潔保養上也無須額外費心，能夠更自在地享受生活。

362

363

362

好清潔的透氣合成皮沙發 低扶手沙發是設計師特別針對屋主使用習慣的特製款，讓他平時能夠倚著小抱枕、悠閒地躺在沙發上。小茶几則是運用拉桿、擴張網、玻璃所組構而成，總重只有 3、4 公斤左右，有別於一般鐵製茶几的沉重、難移動缺點，是設計師為了愛打電玩的屋主方便移開茶几所量身訂作。圖片提供 © 維度空間設計

⊜ **材質細節** • 擁有時間年份的飛機鋼板，雖然改造為工作桌，卻仍可以看到鉚釘般的榫接痕跡，穿透出不屈不撓的現代精神。

363

把飛機的科技感改造成工作桌 把老舊的飛機板材，加以拆解組構，設計成機翼般的工作桌造型，線條簡潔俐落，質感剛冷強悍，表現昂揚高飛的工作態度，把老元素改造出新的精神，展現摩登的科技感。而地面塗上的水泥粉光也大筆刷花，反映了飛機鋼板上激射的冷光色調。圖片提供 © 拾雅客空間設計

364

復古金屬傢具增添工業風 考量屋主本身愛閱讀的文青特質，特別在傢具配置上選擇復古風的餐桌，搭配手工感的金屬材質餐椅與金屬吊燈，不僅充滿個性美感與混搭的趣味，也呼應了空間硬體環境的工業風格。圖片提供 © 澄橙設計

365

材質混搭的牆櫃擺放國外帶回的裝飾物 將客廳右牆設計為裝飾性的牆櫃，其深度由內到外而淺，層板的區隔並呈現出上下錯落的變化趣味，並把居家空間所有的元素都在此混搭表現，包括垂直交錯的軸線和面板，都分別納入了甘蔗板、藍色木漆、夾板、實木木皮、年輪、鐵件、粉光⋯，充滿自由混搭的工業精神。圖片提供 © 大名設計

🔘 **材質細節。** 復古的白色車木桌腳與原木色桌面的組合，為用餐區提供溫暖元素，也與書櫃形成呼應。

🔘 **材質細節。** 沿牆訂製的 7 米寬、330 公分高的壁櫃，每一個交錯的軸線都融入了各種材質混搭的細節。

366

⊜ **材質細節。** Crosstyle 來自丹麥的 2 tone 麂皮牛皮鐵腳個性沙發。
Luminant 復古行李箱。IKEA 沙發 EKENÄS 扶手椅。

366

組合式沙發椅巧妙變身 看電影、聽音樂是屋主的生活嗜好，
客廳傢具絕對要非常放鬆，復古行李箱作為桌面功能，且和
煙燻地板質感相當契合，原本組合式的單人椅拆掉了四枝椅
腳，椅背的高度正好和沙發等齊，家人朋友一起看電影分外
隨性自在。單人椅背後的水泥櫃集合放置所有多媒體機器設
備，客廳得以保持整潔，也不會發生四處尋找播放器的困擾。
圖片提供 © 植形空間設計

367

冷白色調天花延伸鋼烤廚具 結晶鋼烤的純白廚具是建商原本就附好的，為了融入工業風住家，設計師將這一側的天花、橫樑塗上一致的白色，達到視覺延伸的「隱形」效果。搭配設計師精心挑選的鏡面冰箱，讓舊有廚房自然融入工業風住家。圖片提供 © 維度空間設計

◉ **材質細節。**為了盡量接近結晶鋼烤的白色廚櫃，不能使用常見的暖白如玫瑰白等色調，而是選擇冷調的豪灰色。

◉ **材質細節。**黑色底牆搭配木質紅酒櫃與 CD、書櫃等設計，不僅滿足收納需求也展現品味。

◉ **材質細節。**設計師將「一體兩面」發揮最大化，掀床收起的面板設計像是收納櫃，可創造變魔術的空間趣味。

368

黑牆反襯酒櫃、層板造型 整個客廳因開放式的格局配置，帶來充沛不受限的自然光源，同時將投影螢幕沿著樑身設置以取代實體電視牆，展現出隔間的彈性與收放自如；而在沙發後端與側面則以黑牆與鐵件層板等設計收納架，凸顯出工業風的機能精神。圖片提供 © 天空元素設計

369

偽裝收納櫃掀床變魔術 偽裝成收納櫃的掀床放下之前，原是活動電視牆面，充分展現空間變化性，可視需求隨機調整為客房或客廳。對屋主的居家整理清潔更是省事，收納的床鋪寢具不占空間，且可免去因閒置而生塵的困擾，傢飾佈置也能一舉兩得。圖片提供 © 優尼客設計

370

370

老件傢具秀出 LOFT 風采 將屋主收藏的老件傢具自由地散置空間中，如客廳米灰駁彩的沙發、老椅凳與芥茉綠的單椅融洽地共處一室，而走道旁的餐桌則可隨心情移位、擺設上菜，讓居家生活更隨興自在，充分展現 LOFT 居宅的自由精神。 圖片提供 © 澄橙設計

材質細節。 將空間硬體的裝飾性簡約化，而讓屋主與其收藏的傢具單品成為空間主角。

371

材質細節。 裝修期間恰好遇上颱風過後開放撿拾漂流木的機會，便利用獨特素材為空間量身打造傢具，更能融入空間調性。

372

材質細節。 由於櫃體上方原本設置為鐵框明鏡，但因為長輩有忌諱，所以設計師利用鐵框厚度將無框畫布嵌入，作為可拆式的掛畫設計。

371

根據空間調性巧思打造創意傢具 設計師特別運用漂流木為屋主客製傢具，順著木材的造型經過繁瑣的打磨加工後，再巧思以鐵網為桌腳設計出獨一無二書桌。圖片提供 © 只設計部

372

灌漿、實木打造低震動電視櫃 屋主喜歡在家裡看電影、聽音樂、打電動，所以對於影音設備非常講究，為了減輕喇叭震動，電視櫃運用 RC 模板灌漿與花旗松打造而成。而一邊的置物櫃則大膽設置大紅色 ikea 鐵櫃，亮眼的色彩令整個住家都鮮活了起來，俐落的身形線條自然融入簡潔空間。圖片提供 © 維度空間設計

373

373

鞋櫃設計呼應大門的穀倉意象 把大門設計如英國鄉村的穀倉，且將此元素融入鞋櫃的設計，再焊接鐵件，顯出一股強悍的工業風，也據此作為客餐廳領域的分界點，並和客廳兩張皮製的豆腐椅相互呼應，留出寬敞的行走過道，讓走進門來就感受到有如 LOFT 的明朗開闊。圖片提供 © 思嘉創意設計

材質細節。 從入門的石材岩面地磚，連接到淡色的仿木紋磚，再承接到溫暖色調的木作鞋櫃，且刻意把鐵件的焊接點打造得更原始粗獷。

🔘 **材質細節**。木質桌椅。W2-Wood Work

🔘 **材質細節**。作為空間介面的外露式櫃體挑選較深色的舊木紋，和投射燈的反射光相互輝映，更能發散懷舊感。

374

仿古桌椅完美融入空間 在工業風中經常利用木質元素中和金屬的冷調氛圍，桌椅選用略帶仿古的造型，多彩的椅面則添入活潑的視覺感受。金屬桌腳則減輕量體的沈重，讓視覺不顯壓迫。圖片提供 © 方構制作空間設計

375

外露式櫃體作空間區隔 設計師利用外露式的收納櫃體，巧妙作為起居空間與公共空間的區隔，開放式的特性可使空間帶有延伸感，避免實牆讓空間顯得狹小，也讓光線利於穿透，投射燈對著衣櫃和電器櫃，反射光柔和創造氣氛，即使僅有9坪的小空間同樣能獲得絕佳採光的居家品質。圖片提供 © 築鼎視覺空間設計

376

● **材質細節。** 兩張紅背單椅是屋主特別收藏的德國古董傢具，皆為皮革所製，椅腳和扶手則是鐵件材質，散發古典的工業感。

376

纜繩捲軸改造的小茶几搭配皮革沙發 花蓮一間民宿的客廳，為表現復古的工業風，把大樑大柱都用梧桐木皮重新包覆；而除紅褐色的文化石牆外，另一側用 H 型鋼交錯的牆面基底也貼上仿舊壁紙，因此為了呈現整體舊 30 年代的感覺，皮革沙發椅除以仿古技術，做出龜裂紋的手感外，也擺放真正的古董椅。圖片提供 © 雅堂空間設計

377

377
造型吊燈製造空間小亮點 整體環境主要是運用線條、建材帶出空間本色,並在空間一隅掛上一盞造型吊燈,平衡風格的冷感,同時也能創造出視覺焦點此般優雅。圖片提供 © 大雄設計 Snuper Design

🔵 **材質細節。**空間線條非垂直就水平,在燈具選擇上便以圓型、弧線造型為主,提升整體柔軟度。

378
銀灰的吧檯搭配古舊的餐桌 為了符合屋主未來可以兼具 麵揉麵的需求,210 公分長的吧檯表面以雪花板為材質,光滑好清潔。緊鄰的餐桌則為講究木頭的舊感和硬度,以戶外常用的花旗木製作,再搭配兩張複刻版的經典椅,紅色為海軍椅,另一張鐵絲纏繞的則為 Wire Chair DKR,充滿混搭的工業風。圖片提供 © 雅堂空間設計

🔵 **材質細節。**吧檯材質多元混搭,桌面的雪花板,透出雪花片片的紋飾,第二格層板則用鐵製的菱格網,第三個底層再架上舊松木棧板。

378

379

🌀 **材質細節。** 以鐵管製成的衣架，並運用獨特的焊接技術，不但沒有使用到任何五金，就讓帶有轉折的鐵管能完美銜接，同時又保留原本的樣貌。

380

🌀 **材質細節。** 夾層使用鍍金鐵板成為地板，而鐵架與木箱的組合，讓溫潤的木頭中和空氣中的冷調。

379
獨一無二的鐵管衣架 未做滿形式帶出另類的結果裸露，運用沒有距離感的素材：鐵管、實木板砌成所謂的衣架與衣櫃，翻轉了收納形式，也帶出別具特色的設計個性與品味。圖片提供 © 方構制作空間設計

380
意外合拍的工業風酒窖 位於廚房後方夾層上的小空間作為倉庫使用，但因為從一樓用餐區也能清楚看到這個區域，因此延伸店內工業風風格，特別訂做鐵架與木箱置放雜物，原本設計放置蔬果，但意外的與酒瓶合拍，而成為了酒窖。圖片提供 © 直學設計

381

材質細節。已有百年歷史的沙發，原來是繡花的緹花布面，因已破舊改換橘色的棉麻布；黃色的麂皮鐵椅，則有手工車縫的痕跡和老式的綁法設計。

381

繽紛的古典家具搭配鐵板浮雕掛畫 民宿的交誼廳也擺上屋主收藏的歐洲古董椅，其中的布沙發是在原有的主結構上，重新換上橘色的棉麻布，黃色麂皮椅則來自歐洲六〇年代的風格，有歲月留下的斑駁痕跡，再搭配仿木箱設計的鐵皮收納櫃，以灰藍色的刷舊處理，散發出形色繽紛又華麗古典的風華。圖片提供 © 雅堂空間設計

材質細節。原木茶几的自然況味，加上鐵件俐落的捆法設計，極簡而富有工業感。繁複雕琢的骨董櫃，則又點綴古典的情調。

382

鐵灰色調融合咖啡色系對比又復古 在不規則的空間，家具的挑選也打破制式印象，以單件傢具的錯落擺放呈現出更自由的氣息；實木茶几融合鐵件的設計，搭配鐵灰色的骨董櫃，色彩冷暖對比又協調，富有工業感。加上不規則的動物皮革地毯，刷磨出歲月的斑駁痕跡，更呼喚出大自然的野性，也成功修飾了空間的斜切格局。圖片提供 © 慕澤設計

383

角鋼架強化裸呈精神 餐廚吧檯是公共區設計核心，藉由水泥厚實的存在感來擴張氣勢，也吻合 風格走向。使用角鋼架做抽油煙機支撐，能讓金屬的陽剛感與回收木櫃撞擊出更多衝突火花。圖片提供 © 裏心設計

材質細節。夾層使用鍍金鐵板成為地板，而鐵架與木箱的組合，讓溫潤的木頭中和空氣中的冷調。

384

⊜ **材質細節。**餐廳的機能設計更加完備，桌上中間加設突起的檯面可放置小
菜和餐具，桌子旁則設置鉤子可掛客人的包包。

384

假管線吊掛鍋具呈現對食物的熱情 真的管線
還是埋在天花板內沒有特別拆出，設計師利用
不鏽鋼水管噴上鮮黃噴漆吊掛天花，營造工業
風裸露管線的視覺裝飾，吊架上掛滿鍋具，不
僅充分展現出西班牙燉飯的精髓，也強調出店
主對食物的熱情。而特別訂做的高腳鐵件餐桌
椅，則以銀灰色調體現工業風精髓。圖片提供
© 直學設計

385

⊜ **材質細節。** 木色地坪為冷調的空間增添些許暖意，並以不同顏色與紋路來分別吧檯、座位與沙發區域。

385

黑灰白打造時尚工業印象 徹底擺脫韓式印象的這間韓菜餐廳，一入門即是調酒吧檯，運用黑鐵架構出吊櫃成列韓國燒酒與米酒予人另類印象。並以黑、灰、白三色為主色調，白色高腳椅與黑白相間貼磚的吧檯，打造現代時尚的工業氛圍。圖片提供 © 直學設計

386

鐵製層櫃陳列屋主收藏的骨董 打破封閉式的接待櫃檯印象，民宿的櫃台就像一張書桌，隨時讓人親近詢問。所有的機台設備和資料則放入旁邊的收納櫃，且以歐式穀倉的設計造型，用松木拼貼出溫暖的鄉村風，桌後的層櫃則用鐵件製作，穿透設計可聯結後方的餐廳，呈現 LOFT 的開闊感。圖片提供 © 雅堂空間設計

386

⊜ **材質細節。** 接待櫃台以松木搭配沖孔板而設計，在厚鐵板上用雷射切割的一個個孔狀紋，有穿透又強悍的視覺效果。

材質細節。工業風不脫鐵件、金屬、木料這三個要素，延伸至傢俱、桌椅也是同樣要領，NICOLLE stools 與 Tolix Chair 都是能輕易營造工業風格的傢俱。

材質細節。在紛雜的回收木色彩中，用黑色襯底加上鋼筋圍欄修飾中央櫃格，更激化出不修邊幅的粗獷風味。

387

日式 zakka 混搭歐法經典椅 炯異一般工業風的冷調，大量的運用木頭溫暖空氣間的溫度，灰色的文化石牆原先是磚紅色，中途修改成現在的顏色更符合日式 zakka 的 tone 調。桌子都是特別訂做，而椅子則選用法國 NICOLLE stools 與北歐的二手椅隨性點綴空間中。圖片提供 © 直學設計

388

鋼筋水泥共構粗獷氣息 刻意保留原始樣貌，讓水泥模遺跡和外顯管路帶來 Loft 情調。用一座 3 公尺半長、95 公分寬的水泥吧檯整合用餐、烹調需求，也回應了背景材料。在紛雜的回收木色彩中，用黑色襯底加上鋼筋圍欄修飾中央櫃格，更激化出不修邊幅的粗獷風味。圖片提供 © 裏心設計

389

⊜ **材質細節。**菱形拉扣的卡座沙發常用於 brunch 餐廳，帶點美式車庫的風格，也是工業風喜好的傢俱之一。

390

⊜ **材質細節。**利用簡單又帶有懷舊感的傢具，替原本過於冰冷空間植入一點暖意。

391

⊜ **材質細節。**長形衣架主要做吊掛衣物收納，其他摺疊或貼身衣物就用一致的收納箱整齊擺放，未來還可依需求彈性調整擺設。

389

畫龍點"金"低調奢華　特別訂做的沙發，以菱形拉扣的懷舊設計，回味 30～60 年代的古典優雅，水泥塗面的餐桌搭配網站上購買的金屬吊燈，則讓現代工業風油然而生。而以黑、灰、白為主調設計，再於小地方嵌入金色，賦予空間畫龍點睛的效果。"圖片提供 © 直學設計

390

二手舊木傢具軟化冷硬氛圍　由於工業風在材質上選用較多冷硬材質，因此適時在加入二手舊木素材，不只可軟化過於冰冷的空間，有些時間痕跡的手感，也和工業風空間的粗獷很搭。圖片提供 © 裏心設計

391

水管衣架取代衣櫃更彈性　工業風訴求不過度裝潢，木作比例相對也會減少，主臥更衣室便採用水管車牙構成上下二排長形衣架，傳達工業風較為冷酷的質感。圖片提供 © 韋辰設計

392

◉ **材質細節**。男主人設計的鐵架懸吊式紅酒櫃，但因鐵工師傅未加裝橫桿，於是變通以麻繩綑綁取代鐵桿。

392

鐵架支撐紅酒櫃和桌腳 鐵件是工業風建材裡最普遍運用的素材之一，且可多元運用在自己設計的家具物件，包括桌腳椅腳等，又或者以鐵架拼裝懸吊式紅酒櫃或層板書櫃，有別於系統櫃的普遍一致性。攝影 © 蔡宗昇

393

⊜ **材質細節。**一室的冷硬材質又是灰色調難免讓人感覺過於冰冷，因此選用復古單品和回收舊木製成的傢具調和空間氛圍。

394

⊜ **材質細節。**仿舊的黑鐵處理，帶出洗鍊懷舊的歷史氛圍。

395

⊜ **材質細節。**POLISHED BOND 屬塗料的一種，以人工方式可使用於地面、壁面、桌面，不需太厚、厚度約 3 ～ 5mm，便能夠製造出水泥感的效果與紋理。

393

利用木素質平衡冷冰元素 工業風最不能或缺的元素就是鐵件和金屬，因此選擇傢具時，若怕全是鐵件、金屬過於冰冷，也可選擇搭配溫潤木感與鐵件打造而成的傢具。圖片提供 © 裏心設計

394

12 抽黑鐵收納櫃兼具實用性 工業風回溯紐約 SOHO 廠房式藝術空間，從廚房拆下的鐵櫃、燈具或梯子裝飾居家，IN SITU INTERIOR DESIGN 運用黑鐵材質打造出 12 抽收納櫃，創造生活兼設計的工業風格。圖片提供 © 隱室設計

395

類水泥感建材呈現粗獷味道 客廳、餐廳、廚房均屬於公共區域，本該獨立的三個小環境透過中島吧台的串聯，經整合需求以及結合 360 度的迴轉動線下，不但讓人都能以自在、隨性的方式遊走其中，還串起空間之間的新關係。圖片提供 © 方構制作空間設計

396

鐵件 mix 舊木料拼接 350 公分大書桌 兼具書房的餐廳，特別訂製 350 公分長、140 公分寬的超大書桌，桌面選用舊木料拼接而成，而非全然的鐵件材質，為空間注入家應有的溫暖氛圍。圖片提供 © 韋辰設計

396

⊜ **材質細節。** 長達 350 公分的餐桌是由設計師親手繪製訂製，同時也整合書房需求，因此貼心將插座線盒隱藏在木桌板下，需要時打開一片木料即可使用。

397

材質細節。電視牆牆下方預留許多插座功能，為了避免延長線插座影響整體觀感。

397

水管層板書架更具個人特色 以水管做為支架，再放上木片的的書架，是蔡先生自行設計的組裝的家具用品，相較於坊間設計師品牌的層板架更具特色。層板設計讓水泥粉光牆面不被遮蔽，而在軌道燈的投射下，更充滿光影美感。攝影 © 蔡宗昇

398

398

是燈具也是空間裝飾品的一種 趨近於素淨的工業感空間中，善加運用不同色彩與造型的燈具做點綴、裝飾，燈具除了能點亮空間，也成為居家裝飾品的一種。圖片提供 © 大雄設計 Snuper Design

399

經典的牛皮單椅搭配綠牆更復古 運用一張經典傢具，形塑居家主人的自我風格。復古色調的皮革椅搭配墨綠色牆，散發懷舊的氛圍，背牆上掛著的「貓王海報畫」，更添了 60 年代的人文情調，營造如人文咖啡館的浪漫情境，也呼應了一打開窗就看見台北 101 大樓的街道風景，流瀉出一股眺望城市的閒適味道。圖片提供 © 慕澤設計

🔘 **材質細節。**空間中餐廳以工業感的吊燈為主，客廳則是擺放了出自 Flos 品牌的 Arco 燈。

399

🔘 **材質細節。**單椅的選搭，強調皮革的自然原色，加上溫潤圓弧的曲線，靜靜沉澱出歲月的光澤和手工的溫暖質感。

400

⊜ **材質細節。** 設計師為在粗曠中營造「雅」的氛圍，因此為咖啡廳設計線條俐落的長沙發及木桌，從木頭的紋路、厚薄度到桌腳的收邊，講求每吋細節。另外搭配粗獷中帶有內斂元素的 Journal Standard 單椅、椅凳，強調工業風也能很細緻。

401

⊜ **材質細節。** 以表面斑駁、充滿歷史風情的櫃子為搭配特色，配上水泥粉光的粗獷地面，呈現復古與時尚併陳的感受。

400

木質傢具，軟化冷冽工業風 為營造猶如城市街頭花園氣息，設計師將多樣的植物與混搭的木桌椅擺設其間，加上充足的光線變化，讓咖啡店充滿濃濃的自然人文風景。圖片提供 © 鄭士傑室內設計

401

老舊傢具，增添懷舊風情 室內地板以水泥粉光為主體，牆面則為簡約的水泥牆，輔以業主自身收藏的舊櫃、具復古特色的桌椅，為潔淨的白色空間中抹上一股懷舊風情。圖片提供 © 鄭士傑室內設計

402

材質混搭打造溫暖工業風 以黑鐵、水泥粉光與實木搭配的工業風空間，異材質的結合讓工業風不會過於冷冽，也能產生獨特的視覺效果。此外，為滿足餐飲空間賣酒的需求，在吧檯上方打造鐵件吊櫃，搭配溫暖的燈光效果，呈現簡約而時尚的混搭工業風格。圖片提供 © 禾方設計

🍩 **材質細節。** 將水泥、實木黑鐵組合，實木板的質地與水泥地板產生質樸的視覺效果，搭配簡約的黑鐵支架，在冷冽與溫暖中找出平衡點。

402

材質細節。金屬的鏽蝕感均為設計師處理，從生鏽、腐蝕到定色，細膩的設計手法增添空間的歷史感受。

403

仿舊木＋鏽蝕金屬，粗獷而細膩 桌子均為設計師自己設計，將新木頭施予仿舊感，上頭的鏽蝕金屬與仿舊木搭配，原始中帶有細膩的設計理念。圖片提供 © 京璽國際股份有限公司

404

經典復古款式是工業風絕配 玄關使用帶灰綠色文件鐵櫃作為收納用，並於櫃面裝設掛勾給外出衣物一個家，並以一張造型獨特的經典單椅，為較冷調的空間注入溫柔曲線。圖片提供 © 彗星設計

材質細節。復古老件與實用機能工業感的空間十分合襯，呼應純粹不複雜的機能美感。

🔘 **材質細節。**集成舊木板隨機拼接而成的大桌面搭配鐵件桌腳，為空間注入個性化元素。

405

鐵件舊木料拼接大書桌 兼具書房的餐廳，特別訂製 350 公分長、140 公分寬的超大書桌，桌面選用舊木料拼接而成，而非全然的鐵件材質，為空間注入家應有的溫暖氛圍。圖片提供 © 韋辰設計

406

水管車牙設計創意書架 強調隨性自在的工業風，木作比例極低，櫃子也大多以開放型態為主巧妙運用水管車牙構成書架結構，擺放夫妻喜愛的物件，或立或疊，展現倆人的生活品味。圖片提供 © 韋辰設計

🔘 **材質細節。**以水管車牙為書櫃結構，搭配染色板材，自由變化家中的書櫃風景。

407

408

⊜ **材質細節。**特別為皮革收納室訂製的推拉式黑鐵網門片，金屬感與門框材質呼應，同時具備好找、保護的功能。

407+408

金屬網門呼應空間工業感 皮件設計師屋主的皮革收納室，選用黑鐵網門片，除了符合想要的工業感，尋找皮革更方便，又能阻擋愛貓將皮革拉出來抓玩。圖片提供 © 緯傑設計

409

⊜ **材質細節。** 為了讓總長 5 米的量體更顯輕盈，餐桌底下僅運用單支鐵件做支撐，餐桌側邊同樣以單支鋼構固定於樓板，讓餐桌看似懸浮。

409

超長 5 米餐桌與中島整合 善用建築屋高優勢，於餐廚區設計了結合 3 米餐桌和 2 米中島的超長檯面，不但襯托出寬敞空間氣勢，從天垂降的鐵件展現機能性美感。圖片提供 © 緯傑設計

材質細節。使用不鏽鋼鐵片和鉚釘，刻意做出補丁拼貼的效果，不加修飾，展現粗獷豪邁。

410

410

粗獷金屬展現不修飾之美 四方椅凳用冷調不鏽鋼材質，作補丁切割般的手法呈現，既銳利又樸拙，極端卻不衝突；一旁的新古典木桌桌腳旁，好像兩個時代的交會，卻奇異地合拍。圖片提供 © 東江齋設計

411

復古紅色對比黑鐵吧檯 擔心工業風沒有層次，那就適當的加入些微色彩吧！就像這個強烈的黑色系工業風空間，吧檯特意漆上復古赭紅色，立刻讓視覺產生聚焦。圖片提供 © 東江齋設計

411

材質細節。金屬和木作組成的長條吧檯有小酒館的調調，仿舊處理搭配令眼光為之一亮的紅色檯面，空間頓時鮮活起來。

412

鐵件層板視覺輕盈又實用 考量臥房的空間有限，床側的櫃體特意未做滿，而是局部嵌入鐵件層板，增加功能性，白色線條也較為清爽俐落。圖片提供 © 彗星設計

⊜ **材質細節。** 層板以鐵件設計，視覺上更輕盈，為了降低金屬冰冷感，以白色烤漆處理。

⊜ **材質細節。** 空間小，不只造型要簡單俐落，顏色最好採用淺色調，強調輕盈感。

413

訂製鐵件整合收納與閱讀 為避免木作櫃體壓縮空間感，主臥房運用線條俐落的鐵件打造成開放衣帽櫃、書櫃，其中木製抽屜還能拿出使用。
圖片提供 © 彗星設計

材質細節。菱形金屬板組合而成的造型櫃，不但可作展示型收納，材質也呼應現代機能感十足的廚具設計。

414

材質與色調相互映的櫃設計 將原來三房縮減為二房，拆除後的一房改為開放大廚房與客餐廳連結，同時增加可嵌入冰箱、廚房電器的高櫃，並於另一側牆面設計開放式造型櫃。圖片提供 © 彗星設計

415

鏤空與亮色平衡工業冷調 硬體空間維持簡單、乾淨，降低修飾意味，讓傢具透過材質、造型與色彩發聲。餐廳區以金屬桌板餐桌聚焦，搭配款式不同的經典工業感單椅，並以紅色為題加入點綴效果。圖片提供 © 彗星設計

材質細節。選擇金屬材質傢具，容易讓空間變得冰冷，可以選擇鏤空設計或鮮豔色彩的款式，活絡空間的暖度。

416

材質細節。簡單紮實的結構設計，附輪子方便移動換位，可以隨時根據需求彈性變化。

416

芒果木與鐵件的溫暖相遇 芒果實木製成的 SOHO 山居系列傢具，溫暖的木色搭配簡單的金屬結構，是創造帶點鄉村調性工業風空間的百搭單品，工作桌、層板櫃隨意搭配，附輪子移動方便。圖片提供 ©Fü 丰巢大安概念店

417

從機能思考的創意閱讀桌 工作室空間以手作工業風定調，去掉銳利線條，加進帶有生活感的元素，呈現質樸自然的質感，材質以淡色系木材與二手傢具，營造清爽不造作的工業感。圖片提供 © 彗星設計

材質細節。以樓梯和長木板組成的閱讀桌，頗有就地取材、以機能為出發點工業感。

🔵 **材質細節。**復刻版的皮革沙發凝聚出復古氛圍，再選用鮮豔的紅色電風扇有效點綴空間，形成矚目焦點。

🔵 **材質細節。**金屬和木作組成的長條吧檯有小酒館的調調，仿舊處理搭配令眼光為之一亮的紅色檯面，空間頓時鮮活起來。

418

獨特棧板注入粗獷不羈的感受 在中庭額外設立露天咖啡座，地板、壁面多以木質鋪陳，暖化整體調性，再輔以花器盆栽綠化景色，悠閒舒適的下午茶氛圍油然而生。同時利用深色的皮質沙發搭配亮眼的復古電器，並用棧板直接當作桌几使用，點出獨特又粗獷的特色。圖片提供 © 奧立佛室內設計

419

象徵搖滾的金屬製品 以搖滾龐克風為設計軸心，天地壁選用灰、黑的基礎色調作為襯底，而衣櫃則運用具有搖滾意象的金屬製成，錯落高矮的櫃體是可置放不同尺寸衣物的貼心設計，衣物分門別類的整齊擺放，呈現精緻的秩序感。圖片提供 © 奧立佛室內設計

420

● **材質細節。** 一般座位區除了搭配金屬椅之外，也設立了靠牆的高腳木椅，讓空間坪效達到最高外，也創造通透的視覺效果。

420

木質與鐵件的混搭 沿柱體恰好分隔出一般座位區和吧檯區，營造高低錯落的視覺效果。為了避免整體過於單一，傢具的選材上也做了區分，一般座位區用復刻的復古鐵件椅，注入金屬的冷硬，吧檯則用木質高腳椅與檯面呼應，兩者相融展現金屬與木的完美混搭。圖片提供 © 奧立佛室內設計

421

溫暖木色注入空間暖意 以芒果實木仿舊處理製成，溫暖色澤是創造帶點鄉村調性工業風空間的最好搭檔。簡單紮實的結構設計，從儲物、展示、擺放到移動都能滿足，配備有抽屜的書櫃，展示收藏品、儲物都合適。圖片提供 ©Fü 丰巢大安概念店

421

● **材質細節。** SOHO 山居系列抽屜書櫃。

⊜ **材質細節** • D-Bodhi「Kasting」鋼構水管滑輪餐桌，有 175X100X78 公分和，200X100X78 公分兩種規格。

422

素材再生訴說餐桌的前世今生 舊橡木板歷經歲月的紋理，和回收金屬水管再造的附輪桌腳，讓一張餐桌彷彿訴說著時間的故事，再生的概念完全符合工業風格的核心精神。圖片提供 ©Mountain Living

422

423

展現工業材料的頹廢美感 廢棄的鍍鋅鋼管、舊時木造建築所遺留下的老柚木，從工地鷹架獲取靈感，透過工匠技藝讓素材新生，粗獷鋼管視覺感受，和鋼刷磨製處理的老柚木，在極端的對比中尋求共鳴。圖片提供 ©Mountain Living

⊜ **材質細節** • D-Bodhi「Kasting」鋼構水管滑輪五層活動層架，150X45X195 公分。

423

424

425

🟰 **材質細節** • D-Bodhi「Kasting」鋼構水管滑輪咖啡桌，120X70X40 公分。

🟰 **材質細節** • D-Bodhi「Kasting」鋼構水管滑輪廚房工作推車。

424

工業組件傢具注入衝突美 水管車牙結構回收自過往年代，表面的痕跡是最美的裝飾，利用工業感組件設計的咖啡桌，與紋理刻畫的老橡木，產生既衝突又合拍的美感。圖片提供 ©Mountain Living

425

趣味水管造型的實用推車 打破工業革命以降標準化生產的普世流行，在綠色生活運動的風潮之下，這款推車以工業回收材料和舊橡木設計而成，造型帶有工業製品的粗獷意象，展現實用之美。圖片提供 ©Mountain Living

426

426

427

材質細節。D-Bodhi「THE LOOK」系列傢具，七格幾何層架兩抽屜底座高儲物櫃。

426

舊木增添櫃體個性魅力 保留回收老柚木上的銅綠斑紋，利用具有現代感的矩形線條，搭配黑色回收鑄鐵元素，讓回收老柚木散發的獨特魅力，融合原始樸實質感和當代簡約風格。圖片提供 ©Mountain Living

427

仿舊復古的個性單品傢具 回收老柚木經過細緻打磨處理，讓表面恢復光滑，同時保留原有的斑駁銅綠色漆痕，搭配黑色回收鑄鐵底座，與現代感的矩型線條設計，結合木質的溫潤與鋼鐵的俐落。圖片提供 ©Mountain Living

428

纖細金屬與木料的對比 回收老柚木斑駁的銅綠色漆痕，反映木材回收地印尼當地老房子常使用的藍綠色塗料。黑色回收鑄鐵做為支撐基座，纖細的金屬支撐厚實的木質，對比的設計概念，現代感的矩形線條，充滿時代的對話。圖片提供 ©Mountain Living

材質細節。D-Bodhi「THE LOOK」系列傢具，側邊抽屜咖啡桌

428

🉑 **材質細節。** D-Bodhi「THE LOOK」系列傢具，餐桌 / 工作桌和單人椅凳。

429

● **材質細節。**鐵椅上了豐富多元的顏色，不但消除工業金屬感給人的冰冷印象，更能視喜好挑選混搭。

429

亮點色彩讓個性與溫暖兩全其美 工業風傢具已不再被視為冰冷、不舒適，反因粗獷、簡潔、實用的特色，成為創造「個性化生活空間」的最愛，也打破以往陽剛的色彩與材質，鐵椅塗裝上了各種顏色，現在腳凳、書桌、邊櫃，都出現了更多色彩的選擇。圖片提供 ©Fü 丰巢大安概念店

430

仿舊復古的個性單品傢具 令人嚮往的都會藝術家居生活，可從文化多元性和帶有實用機能的工業感鋪陳，仿舊處理的鐵件搭配木質的傢具，可選額線條流暢簡單又具有個性單品。圖片提供 ©Fü 丰巢大安概念店

430

● **材質細節。**冷調的工業感空間，加入仿舊復古二手感的木感傢具，能平衡空間溫度，同時增加人文氣息。

431

材質細節。Ironman 貨櫃系列傢具,從貨櫃汲取設計靈感,洋溢工業製品的實用美感。

431

把貨櫃的實用美感帶回家 貨櫃鑄鐵的材質與結構,搭配開啟貨櫃艙門同樣方式的門把,構成這個充滿陽剛趣味的書桌,擺幾本好書和個人收藏,展現剛柔並濟的設計感。圖片提供 ©Fü 丰巢大安概念店

432

傢具混搭出工業頹廢現代感 都會樓中樓住宅,以清水模、木料、鐵件、玻璃架構空間背景,餐廳區以一張原木大餐桌為核心,搭配復古工業感老件單椅,營造現代又頹廢的工業感。圖片提供 © 雲邑設計

432

材質細節。分量感十足的原木桌,卻配上從機能出發設計的輕量鐵件單椅,仿舊斑駁的漆痕,自然天成的桌面木紋,為空間帶入獨一無二的個性。

CHAPTER 5

傢飾

攝影 ©Yvonne

433
壁飾

材質 工業風適合選用材質粗獷、仿舊的壁飾，或者具有年代的復古老件。

挑選 可挑選鹿頭、具現代感的畫作，或者把平時的收藏品拿來當成裝飾面也很適合。

攝影 © 江建勳

434
燈飾

材質 工業風多以自然光點空間，燈具選擇上以金屬機械燈具為主，清楚地將結構特色轉嫁到燈具上。

挑選 除了金屬感重的燈具外，復古老式燈具，或者超大尺寸的金屬探照燈，都能替空間帶來畫龍點睛的作用。

攝影 © 江建勳

435
收藏

材質 挑選一些有歷史感、金屬元素，或者有些年代的收藏品，讓粗獷、冷調的工業風空間，更具生活感。

挑選 復古老電話、熨斗、玻璃瓶、裁縫車等，都是很適合用來妝點空間，展示個人品味的收藏。

436
古董箱

圖片提供 © 碁星設計

材質 有些具年代的古董箱，也很適合運用在工業風的居家空間，不管材質是木、鋁或者鐵，因有一定年代，所以很能呈現工業風的隨興與粗獷。

運用手法 可在角落堆疊，營造空間視覺焦點，或者當成桌几或茶几，也是不錯的運用方式。

材質細節。大圓鐘和吧檯椅都是從美國代購的產品，無論材質、色彩和結構，都和燈飾一樣有著工業的設計感。

材質細節。Luminant 全銅吊燈。天花板的原始風格配上露出的鐵管線路，更能讓人聚焦在燈具設計品上。

437

吧檯與廚房櫃點綴鮮豔的鍋碗瓢盆 鎖鏈扣環垂吊的燈具，因特殊的口吹玻璃材質處理，演繹出懷舊的經典時尚，未開燈時呈現鍍鉻玻璃材質，開燈時溫暖柔和的光線由燈罩中傾洩。刷上水泥粉光的大牆上也掛上 RH 仿古大時鐘，簡潔典雅，加上兩張美國進口的吧檯椅，以藍色和橘褐色化點了空間的活潑氣息。圖片提供 © 大名設計

438

裸露天花板讓吊燈更突出 建物本身是十年大廈，因此天花板原本就不高，加上年輕屋主接受度高，設計師大膽嘗試捨棄木作天花板，除了客廳拆掉天花板，整個空間挑高之外，廚房中島上方同樣採取裸露形式，設計師僅僅透過懸掛全銅吊燈色溫，營造用餐氣氛。圖片提供 © 植形空間設計

439

材質細節。鐵製活動屏風變成隨時上手的衣帽架，轉至入門玄關處時，懸掛的小盆栽也能營造室內小陽台的花草遊戲。

439

旋轉鐵製屏風檔煞活用 可旋轉的鐵製活動屏風，做為空間介面，既可幫助遮蔽穿堂檔煞，運用巧思也能充當衣帽架，甚至懸掛小盆栽裝飾使用，創造居家布置的趣味感。一入門的玄關處是屋主不會長時間停留的區塊，便利用升降曬衣桿加上 S 型掛勾改裝乘手動式腳踏車收納處。圖片提供 © 日和設計

440

Ⓐ **材質細節。**黑鐵與紅磚等均屬結構感強烈的建材，暗喻著工業風的設計主題。

441

Ⓐ **材質細節。**無論是櫃體門片或是懸吊式酒架，調入灰階的金屬色調後，可讓不同材質的色感更顯和諧統一。

440

黑鐵吊桿掛上繽紛杯影　在 LOFT 風為主的輕食吧檯後方，砌出一道立體斑駁感的火頭磚牆，在視覺上營造出建築結構的紮實質感，同時因實用需求考量，在牆面上以黑鐵五金配件拉出杯架吊桿的線條，也順勢為畫面上增加繽紛色彩的杯影。圖片提供 © 天空元素設計

441

金屬酒架定位陽剛品味　設計師在吧檯天花板處以金屬材質打造一座懸吊式置酒架，再與吧檯串聯成為開放式廚房與客廳間的簡單領域界定，而略帶陽剛品味的酒架設計，恰與餐廳內的綠色木皮收納櫃相互襯托，營造出明快活潑的現代工業風用餐氛圍。圖片提供 © 法蘭德設計

現代派掛畫增添藝術寫意 以工業風為主的咖啡廳裡,適度地加入現代派水墨掛畫,一點點抽象、一點點現代,融入到空間裡不會有衝突,還能增添藝術寫意效果。圖片提供 © 尚揚理想家空間設計

🖮 **材質細節。** 掛畫在挑選上有特別留意配色,剛好與空間中的傢具、花意相契合,做到色系相呼應的作用。

442

443

材質細節。 金屬鐵櫃是工業風設計的經典元素，除了材質的魅力，工整有序的造型也強化了工業風冷冽美感。

443

金屬櫃醞釀酷酷工業風 書房與客廳僅以一座玻璃屏風隔開，在半開放的空間中延續著公共空間的工業風，尤其金屬材質的造型櫃則與客廳擺設的傢具形成呼應，同時也將放置屋主玩具的吊櫃襯托得更有型。圖片提供 © 澄橙設計

444

倉庫風活動拉門貼松木皮 工業風設計經常應用的倉庫元素，看似厚重的倉庫風活動拉門，上面其實鋪貼著細緻的松木皮，懷舊感更加分，不鏽鋼仿舊開關面板也是特地從貿易商找來的日本國際牌新品，從觸感到安全性，皆包含設身處地的貼心思維。圖片提供 © 日和設計

445

軍用彈藥箱珍藏生活故事 粗胚牆面讓整面牆呈現粗糙的年代感，宛如歷經歲月風霜的牆面紋理，刻畫著深層的記憶，牆邊擺放了屋主父親珍藏的軍用彈藥箱，更能營造懷舊情懷，設計師也為此挑選美式開關，連結一段動人的生活故事。圖片提供 © 植形空間設計

⊜ **材質細節。**倉庫風活動拉門鋪貼的松木皮，質地色彩溫暖可軟化深色傢具及黑色鐵管的鮮明個性稜角。

⊜ **材質細節。**軍用彈藥箱深富工業風鐵漢性格表現手法，同時有著父親記憶的深刻情感。

446

材質細節。 黑板上設計師特地為屋主畫上蜘蛛人畫像，藉由更具象、通俗的美式文化來呈現人文感與特色。

446

黑、白互補的傢飾配色　秉持著不上色的設計原則，設計師除在建築結構上採用原色視覺，在門片、黑板、桌板與燈光等物件均以原木色或黑色安排，使空間更純粹沉澱，至於飾品掛畫等則以黑、白互補的搭配，在不影響空間色調的情況下，顯現出設計趣味感。圖片提供 © 法蘭德設計

447

448

⊜ **材質細節。** 用鐵件連結不那麼方正的角落，成為書牆的裝置設計，讓書桌也順理成章的在此落腳。

⊜ **材質細節。** 除了三盞白鐵工作吊燈，客廳也以軌道燈取代主燈設計，更貼近屋主喜歡風格。

449

⊜ **材質細節。** 古典唱片是以活動螺絲固定在牆壁上，點綴低調的藍、黃、綠色彩，是可以拿下來聽的真實唱盤。

447

白鐵工作吊燈點亮工業風 為了配合藍、白、黑色調的陽剛、個性吧檯設計，設計師特別在對應吧檯的樑下懸掛以白鐵工作吊燈，輕盈的線條感不僅俐落有型，更重要的是可以點出輕工業風的居家主題。圖片提供 © 天空元素設計

448

鐵件設計黑白對比造型書架 潔淨刷白的牆壁，不想太單調，就在牆角處，用黑色的鐵件，連結出兩道牆的風景，曲曲折折，又交疊錯落，可擺放幾本書，也可以懸掛任何物件，就像書牆的裝飾，也因此有了寫字檯的呼應，讓臥室形成一個靜謐的閱讀角落。圖片提供 © 思嘉創意設計

449

古典樂唱盤低吟個性工業風 設計師希望帶給屋主的住家風格，是十年後也不會厭倦的清爽溫暖工業風。不過度裝飾，帶點美式俏皮、年輕人的自我主張，加上樂土本身的紋理已經很豐富，所以最後選用古典唱盤作為牆面主景。圖片提供 © 維度空間設計

450

🔵 **材質細節。**以黃銅扶手搭配黑鐵階面設計的迴旋梯，猶如空間中的藝術裝置，同時也串聯上下樓動線。

450

懷舊手感的優雅迴旋梯 因挑高格局創造出小二樓的展示空間，也造就更有變化性的畫面。為此設計師以鐵件打造出旋轉樓梯，而黃銅扶手線條則是客人一入門時所見到最亮眼的空間端景之一。圖片提供 © 澄橙設計

451

🔘 **材質細節。**不僅在小物吊掛或收納設計也配合工業風材質，排煙機的風管等細節也相當注重。

451

理性有型的廚房鋼鐵小物 開放式的廚房以粉光水泥牆作為底色，搭配著不鏽鋼的廚具與工作檯面，展現出簡單卻實用的工業廚房性格；而在牆面上則運用不鏽鋼、鐵件與實木板等架設層板，除增加收納功能，也讓畫面更為豐富。圖片提供 © 優尼客設計

452

潮感現代與復古懷舊並存 為了營造出更具有戲劇張力與未來感的空間，設計師在畫面中先以復古探照燈、格子門片、磚牆壁紙等營造出懷舊氛圍，接著再放入鮮黃門框、迎賓小紅人造型燈等現代感傢飾，透過鮮明色彩呈現屋主的現代品味態度，創造出前衛與復古並存的空間感。圖片提供 © 懷特設計

452

🔘 **材質細節。**為了讓強烈造型感的燈飾做為空間主角，設計師特別以復古牆面及黃色門框做鋪陳。

⊜ **材質細節。**為了突顯鐵網片質地，特別結合照明投射，藉由光線映襯出材質細節。

453

金屬吊燈照亮黑木調廚房 在陽剛味十足的黑、木質材吧檯上端，對應著天花板低樑問題，設計師特別在此安裝工業風格的金屬燈罩來轉移焦點，同時提供溫暖光源，並且強化個性品味，讓屋主可在這裡品嘗一杯咖啡、上網工作或用餐小酌。圖片提供 © 澄橙設計

燈飾與牆飾 成就獨特主題 在天花板裝置燈飾，垂墜長短不一的圓形燈泡，營造彷彿下雪般的意境，呈現出裸露工業感，並於牆面上嵌置鹿頭造型裝飾，呼應相同主題，營造出頗具趣意的耶誕氣氛，而燈飾不僅具備照明功能，更與強飾形成空間中的藝術風情。圖片提供 © 潘子皓設計

⊜ **材質細節。**擔心清玻璃結構性問題，所搭配了 H 型鋼、木作等作為支撐，帶出設計感之餘背後富含了安全性。

454

455

⊜ **材質細節。**顛覆傳統的膠囊電梯搭配著裸妝天花板的工業風硬體，展現出更具有未來感的空間。

455

膠囊電梯啟動了未來感 設計可以解決空間問題，
但好設計更能將問題空間變為特色，為了在最小
空間解決上下樓的需求，設計師運用現代科技素
材在客廳旁規劃一座如時空膠囊般的氣動式電梯，
讓尋常的上、下樓動線變得有趣，尤其未來感的
電梯造型彷彿讓時空可瞬間轉換，增添不少想像
力。圖片提供 © 懷特設計

456

個人蒐藏品增添風格生活感 工業風格是透過藝術
家發揚光大，所以常看到象用一些藝術飾品做點
綴，此空間中無論掛畫、燈飾、時鐘等，都是屋
主人個蒐藏，植入到空間裡增活風格個人味道與
生活感。圖片提供 © 邑舍設紀

456

⊜ **材質細節。**傢飾品的挑選可以從材質、色彩方面來著手，
點綴空間也見識到飾品的特別性。

457

材質細節。選擇飾品小物時可以留意物件的顏色與質感，帶點舊舊質感或色系，搭配起來都很容易。

457

蒐藏飾品增添風格生活玩味 工業風的佈置上少不了運用些藝術品、蒐藏品做妝點，運用一些帶有懷舊味道的書冊、打字機、電話筒等來做裝飾，替風格加分也增添生活玩味。圖片提供 © 尚揚理想家空間設計

458

⊜ **材質細節。** 植栽擺飾在選擇上，可以考慮具垂墜的植物，柔美線條也能再替空間帶來不一樣的視覺味道。

458

綠色植栽替室內注入生氣 工業風空間多半給人冷調印象，為平衡這種感覺，設計師特別在空間一隅搭上綠色植栽元素，藉由綠意替室內帶來生氣，也增添自然清新氣息。圖片提供 © 威爾室內設計

459

⊜ **材質細節。** 廚房與客廳之間的吊櫃特別選擇具工業感的黑鐵材質，同時也與天花板、牆面裝飾相呼應。

459

個性機能美的鐵件吊櫃 因希望讓空間放大且視野更具穿透感，索性在廚房與客廳的牆面上開出一個大窗口，再以鐵件吊櫃與不鏽鋼排煙機做隱約遮掩與空間區隔，其中鐵件吊櫃既具有裝飾功能，同時也可置放物品，是極具機能美的個性設計。圖片提供 © 澄橙設計

🌐 **材質細節。**鐵管收納架線條配置採取隨性自在，多一些藝術感，有趣的玩設計，卻不失實用的生活需求。

460

鐵管收納架暗藏英文字 主牆面的鐵管收納架，暗藏著夫妻
兩個英文名字的第一個字母 J、S，以活動層板和紅酒箱靈
活搭配使用。粗獷的工業風注入細膩質感，且因應女主人
是兼職的瑜珈老師，以及未來可能會有小朋友的加入，面
材與物件質地要求更細緻。圖片提供 © 日和設計

⊜ **材質細節。**與一般金屬冰冷的質感略有不同，暖色調的金屬材質搭配木質古典傢具，融合出濃郁人文氣息。

461

暖感金屬風家飾更有味道 雖然是特色傢具店的展場空間，但溫馨而個性的擺設很適合移植回家。在輕工業風的空間中擺上一張紮實的木桌，搭配不同年代的骨董單椅，滿足了展示意圖，也兼具會議、聊天的實用功能。至於天花板低懸的復古古堡風燈飾，映襯著鉚釘銅門壁飾，成功營造出中古世紀的時空錯覺。圖片提供 © 懷特設計

462

充滿玩趣感的工業風浴室 在不拘形式、不限材質的風格前提下，設計師將客用衛浴間的洗手檯改以水桶取代面盆，搭配樸拙感的古銅色水龍頭與鐵件、鐵網門片等元素，呈現出濃郁工業風，卻又不失創意與趣味的設計感。圖片提供 © 優尼客設計

⊜ **材質細節。**看似粗獷的洗手台集結多種工業材料打造而成，不過其做工仍講究細膩，如此才可確保使用的舒適性。

463

463

工業風吊燈復古微照明 主臥純粹作為就寢之用,因此選擇適合安眠的照明為主,而更衣室和書房合而為一,則可以提升住家坪效,女屋主並可擁有一處練瑜珈在家工作的小天地。設計師特地在左側留有開口,平時放置活動衣架,一旦客房啟用時,便於屋主進出的臨時出入口。圖片提供 © 日和設計

464

穀倉門造型木棧板鞋櫃 以木棧板訂製作成的鞋櫃,外觀看上去宛如一座穀倉門,深能表現工業風的時代背景。通過玄關時,整條地面水泥粉光,加上整面水泥打鑿面斑駁粗糙,真會讓人想像走進時光隧道的畫面。牆上的電箱板不上漆隱藏,反而去漆處理,呈現原色,又可成為工業風的創意佈置。圖片提供 © 植形空間設計

465

烤漆燈罩呈顯微工業風 在臥室的床架旁刻意安裝一盞復古的綠色烤漆壁燈,雖未特別張揚,但柔和藍綠色調與簡單造型,讓屋主可隨之被連結至古老美好的記憶中,發揮了小兵立大功的效果。圖片提供 © 澄橙設計

464

⊜ **材質細節。**鞋櫃以木棧板材質作成,體積大如穀倉門。Crosstyle 北歐湖水綠玄關桌布置角落。

465

⊜ **材質細節。**為求視覺的簡潔優雅,在壁燈的管線裝設上必須事先規劃內藏,才可讓畫面更單純美好。

466

⊖ **材質細節。** 無論是廚具、餐桌或地板均採用淺白基調，以營造出明亮的木感餐廳，而黑色燈飾與白色管線則勾勒出優雅現代感。

466

工業燈飾成低調廚房亮點 在享有自然光源的餐廚空間中，先置入原木色澤的廚具展現清新感，另外，選擇一大一小的現代風黑鐵吊燈來搭配天花板上扁鋼造型的燈管線條，讓酷酷的工業風與溫馨的北歐質感意外合拍，也傳達出屋主的生活溫度與品味。圖片提供 © 懷特設計

材質細節。織品也可以選擇帶圖騰的款式，既不失風格本該有的個性味道，還能創造具張力的視覺效果。

467

468

467

抱枕織品創造自在與舒適 工業風居家容易給人冰冷感受，為了平衡這樣的感覺，空間中適度加入織品軟件或地毯等物件，可以隨性自在的姿態享受空間，踩踏在地坪上也能感到舒適。圖片提供 © 方構制作空間設計

468

舊時器具引領懷思 質樸懷舊的精神也體現在燈飾開關的呈現上，為了配合舊木料拼接的廚房高櫃，特地以早期常見的金屬開關做搭配，呈現舊時的台灣風情。圖片提供 © 裏心設計

材質細節。再加上明管的電線配置，流露出淺顯明確的工業風格，使整體氛圍一致。

469

⊜ **材質細節。**為了配合百老匯的奢華風格，選用電鍍的金色吊燈，與整體相互輝映，而簡單的設計又不至於太過誇張。

469

以圖案與顏色營造 Art Deco 氛圍 想要營造 Art Deco 工業風格，可以留意圖案和顏色這兩個重點，圖案例如建築的交錯線條、動物圖案、碎花或幾何圖形。至於顏色，可以強調以明亮對比的色彩，以鮮明的深色與白色互補。圖片提供 © 直學設計

470

鹿頭壁飾美式牛仔風情 常見於懷舊工業風或美式鄉村風的麋鹿鹿頭壁飾，和同樣美式風格的單人椅，營造適合獨處的私人小酒吧氣氛空間。一旁的外露式收納櫃放置吉他、行李箱，別有一番流浪者之歌的浪漫情懷，也充當屋主的貓咪跳台，生活畫面活靈活現。圖片提供 © 築鼎視覺空間設計

⊜ **材質細節。**麋鹿鹿頭壁飾在美式風格並不算罕見的傢飾，多半置入在木質材料或相近木色傢具，呈現原野情境。

470

471

471

皮沙發、皮地毯和行李箱都是古董 將生活的元素大量運用在整體空間的裝飾佈置，牆角置放的舊行李箱，即來自於 60 年代的檜木古董收藏，並將工業用的木製繩覽卷軸，鋪上玻璃桌面而引為小茶几，再加上同色系的皮革地毯，呈現美好的舊日時光。圖片提供 © 雅堂空間設計

472

畫作讓空間瀰漫藝術氣息 工業風格是透過藝術家發揚光大，所以佈置中幾乎都會運用一些藝術作品做點綴，這不但能在風格中嗅到一絲絲的藝術魂，同時也能看到不受約束的浪漫。圖片提供 © 大雄設計 Snuper Design

473

工業風燈具帶出空間的溫暖 在玄關入口，以簡潔俐落的燈飾設計，形成入門的亮點，呈現居家的現代風格；黑色鐵件結合淺褐色玻璃，穿透出燈泡的原始造型和亮度，頗有復古的工業風。另一側以胡桃木砌疊的大牆面，掛上來自英國和維也納風景的黑白照，人文的懷舊情感油然而生。圖片提供 © 慕澤設計

⊜ **材質細節。** 牛皮地毯原狀原味地呈現出不規則的形狀，以及斑駁陳舊的歲月痕跡，更多了曠野的自由氣息。

472

⊜ **材質細節。** 藝術品的選擇可以從衝突與協調中來做篩選，兩者皆能撞擊出不一樣的視覺效果。

473

⊜ **材質細節。** 燈飾的鐵件材質，呈現簡單的工藝結構，讓裸露的燈泡，增添自然質樸的工業感。

474

金屬吊燈完整工業風 工業風最不可缺少的就是金屬元素，因此燈具皆使用金屬配件，鮮黃色的吊燈與黃色沙發及牆壁上管線互為輝映，帶出活力的西班牙特色。而為了消解工業風的冷冽氛圍，選用木色地坪為空氣注入溫馨暖調。圖片提供 © 直學設計

⊜ **材質細節。** 將 IKEA 可購得的大壁畫裁成 1/4，向側邊旋轉 90 度起來吊掛，就成了獨創又有個性的牆面 Deco。

474

475

🔘 **材質細節。**特意挑選的黃光，則是希望藉由黃色光線，替冷調空間注入多一點暖意。

476

🔘 **材質細節。**燈具使用帶點懷舊味道的藝術單品、雜貨小物，或是二手老件來做妝點，除了讓風格保有這樣的設計初衷，同時也能加強復古氛圍。

🔘 **材質細節。**以黑鐵粉鐵烤漆打造的一體成型 Z 字衣架，造型獨特，即便是放置於臥房內也很有味道，可當作吊掛穿過但還沒有要洗的衣物，或是圍巾等配件，很有生活感。

477

475

利用復古燈具展現懷舊工業感 燈具在工業風空間裡有著極重要的角色，不論是壁燈或立燈，只選擇一盞極具復古味道的燈具，就算不開燈，造型也能立刻成為空間的亮點。圖片提供 © 裏心設計

476

超有型 Z 字衣架 工業風看似粗獷、冷調，其實只要運用傢飾單品，反而可以散發屋主的個性，像是一些帶有懷舊味道的物件做搭配，不但能創造出具生活感的效果，同時還能讓工業精神原味呈現。圖片提供 © 隱室設計

477

舊時船燈的造型吊燈 在臥房延續整體的工業風調性，選用帶有舊時船燈造型的吊燈，溫暖的燈光籠罩臥房形成靜謐的氛圍。床側則為了隱藏管線，另做假櫃包覆，延伸下方的廚櫃，讓視覺不中斷。圖片提供 © 方構制作空間設計

478

以「冥王星的早餐」訴說暗黑工業風 業主以電影「冥王星的早餐（Breakfast on Pluto）」為設計主軸，全店以暗灰偏綠色為基調，挑高六米的店內，通往二樓的水泥粉光牆面，以燈泡裝飾拼起店名『PLUTO』，雖然點上燈，空氣中卻營造瀰漫著詭譎的氛圍，彷彿被黑暗的力量所圍繞。圖片提供 © 直學設計

478

⊜ **材質細節。**燈具在工業風空間中扮演著極重要的角色，『plumen』省電燈泡，其特殊的彎管造型成為通道上的亮點。

479

◉ **材質細節**。用素面與花彩突顯主從關係，藉舊料痕跡銜接語彙。

479

舊料滄桑增加空間深度 從入口張望，可同時看見廚房高櫃與廁所入口，為調和整體性，廁所門板一樣採用早期檜木門回收舊材，且因應門板尺寸而加大了門框。圖片提供 © 裏心設計

材質細節。 工業風在燈具選擇上多以金屬機械燈具為主，清楚地將結構特色轉嫁到燈具上，纖細的燈臂特色與結構相互呼應，同時也注入不一樣的感受。

480

金屬燈具帶出工業質感 工業風裡最不可缺少的就是金屬元素，因此燈具皆採用金屬鐵件，而吊燈選用復古造型的愛迪生燈泡，點出復古與工業並存的空間氛圍。圖片提供 © 方構制作空間設計

481

鹿頭壁燈帶出光影氣氛 整體空間色調亦維持在黑白灰的基調下，在生活物件的陳設上，屋主也發揮不少創意與用心，通往主臥房的走道底端，灰色水泥牆上簡單地懸掛白色鹿頭壁燈，既提供光線也兼具裝飾意味。圖片提供 © 韋辰設計

材質細節。 刻意選用白色物件，在於與相對的玄關端景作為區隔，避免互相搶奪視覺焦點。

482

⊜ **材質細節。** 透過暈黃的點狀式光源營造氛圍，尤其以灰暗色調為主的工業風空間裡，不刻意強調亮度，極適合創造類似咖啡館的生活情趣。

482

鎢絲燈泡營造咖啡館情趣 在小家庭的空間裡，盡量減少隔間設置，鞋櫃放上愛迪生燈泡作為入口壁燈，鋪設地墊畫分玄關和客廳分野，既可清楚區域動線，且能創造加深空間感的視覺錯覺。攝影 © 蔡宗昇

483

以金屬元素強調空間個性 延續整空間的冷調,選擇以白鐵打造大門,大片鐵件極具安全性,簡約的銀灰色也自然融入空間的灰色主調,一點也不顯得突兀。圖片提供 © 裏心設計

材質細節。工業風原始元素包括鐵、木頭、皮革材質,居家如果有這幾個基本元素就能簡單的營造出味道。

484

曲線金屬板,剛烈中帶點柔美 為打破粗獷工業風空間的既有概念,設計師使用鋁板做出彎曲曲線,並以鋁板花紋、木材質軟化空間,在濃烈的工業風空間中增添些許細膩氛圍。圖片提供 © 鄭士傑室內設計

材質細節。鋁板面材的花紋宛如細緻的玫瑰花瓣,讓空間增添女性的柔軟氣息。

485

童趣風畫作,妝點商業空間 為呈現充滿人味、生活化的咖啡廳空間,設計師擺放富有歷史感的木箱,搭配由造景專家 Josh 打造的花園空間,並結合插畫家 Vita Yang 畫作,打造溫馨且具情感的商業空間。圖片提供 © 鄭士傑室內設計

材質細節。由造景專家設計的室內小花園,配上童趣風插畫家 Vita Yang 的畫作,讓工業風空間更顯人味。

486

🔵 **材質細節。** 黑鐵櫃外型粗獷，上頭有淡淡的使用痕跡，不僅強化了生活感，具設計感的櫃子也能與空間搭配，活化冰冷的工業風空間。

487

🔵 **材質細節。** 工業風原始元素包括鐵、木頭、皮革材質，居家如果有這幾個基本元素就能簡單的營造出味道。

486

生活感傢飾，營造人味咖啡廳 除了具生活感的傢具、傢飾外，設計師也選用 Journal Standard 的黑鐵櫃體，以及簡約風格的畫作搭配空間，讓空間更顯活潑，整體層次也豐富許多。圖片提供 © 鄭士傑室內設計

487

以金屬元素強調空間個性 延續整空間的冷調，選擇以白鐵打造大門，大片鐵件極具安全性，簡約的銀灰色也自然融入空間的灰色主調，一點也不顯得突兀。圖片提供 © 鄭士傑室內設計

🖱 **材質細節。**吊櫃以工地板模組成，搭配既有的紅磚牆與水泥粉光地面，產生具質感的工業風視覺效果。

488

紅磚＋木板，營造復古風情 酒館前身為採光不足的鐵皮屋，設計師將樓板挖空打洞引進窗外的光源，並設計二樓高的吊櫃，串聯一二樓空間，延伸視覺動線。右方的紅磚是原始磚牆上漆後的效果，為了營造復古工業風概念，設計師希望能保留部分素材，透過替換顏色，保留建物的原始風貌。圖片提供 © 禾方設計

489

金屬網架，延伸視覺穿透感 由設計師設計的網格架，透視效果讓空間兼具穿透性與隱密性，不僅能作為空間的格柵，也能在上方裝飾物品，兼具實用與美觀價值。圖片提供 © 京璽國際股份有限公司

🖱 **材質細節。**設計師以大小不一的網格架，分別作為格柵與桌緣裝飾的使用，讓素材彼此呼應，網架上頭的鏽蝕也是設計師自己處理，傳統而富有原始粗獷的空間因此成形。

材質細節。 從義大利老教堂取得的造型燈飾，具歷史意味的復古裝飾與立體紅磚牆結合，營造溫潤質樸的視覺感。

材質細節。 可拆式鐵件拉門為設計師訂做，以鏽蝕方式處理，與空間其他部分的鐵件相呼應。

490

老教堂燈具，充滿歷史感受 為營造溫暖工業風格，設計師選用具歷史質感的義大利老教堂燈具，並以網格裝飾牆面與桌緣，並使用燈盒讓桌緣產生溫潤的光澤效果。圖片提供 © 京璽國際股份有限公司

491

復古鐵拉門，隱私隨心所欲 訂做可移動的鐵件拉門，斑駁的歷史痕跡充滿原始風情，需要隱私時可將拉門全部關上，成為空間的焦點之一。圖片提供 © 京璽國際股份有限公司

492

492

每個角落都是一個故事 以工業風濃厚的英文字母圖像為主角,透過風格獨特的傢飾搭配,如酒瓶、鹿臉標本等,讓每個區域能訴説自己的故事。圖片提供 © 京璽國際股份有限公司

493

鏽蝕隔窗,提升區域穿透感 藉由鏽蝕的網格窗,可與外界產生互動,提升視覺通透感,搭配工業風格的桌燈,讓空間更有味道。圖片提供 © 京璽國際股份有限公司

493

494

⊜ **材質細節。**鏽蝕英文字母為設計師設計，購買復古掛鐘後與紅磚牆結合，形成極具特色的溫暖工業風空間。

494

色系相近，空間產生整體性 以紅、棕色為主的傢俱，搭配相近色系的傢飾品，如英文字母、復古掛鐘、掛畫，以及偏棕灰色的牆面，讓區域產生整體性，調和風格。圖片提供 © 京璽國際股份有限公司

495

材質細節。特色傢具傢飾均由設計師親自挑選，有些為國外二手市場帶回的舊貨，顏色較鮮明的配件與色彩穩重的傢具結合，突顯傢飾特色。

495

自然感擺飾塑造原始風情 工業風特色為粗獷、質樸，設計師使用具自然意象的擺飾，如鹿頭、鳥類，配上數字系列的抱枕、掛飾，最後以特殊的絨布材質座椅為空間另一焦點，在暗處也能閃射光芒。圖片提供 © 京璽國際股份有限公司

496

亮眼鍍鋅管作玄關衣帽橫桿 玄關以隔屏解決開門見灶問題，由於入口不夠寬，放棄頂天落地鞋櫃，改以矮櫃替代，只將常穿的鞋子放在此處；跳過傳統使用的鐵件，衣帽橫桿採用鍍鋅管材質，成為一入門吸引目光的亮眼小細節。圖片提供 © 東江齋設計

材質細節。為搭配整體空間的自然、隨興、工業感，設計師以管線素材作為傢飾配件設計元素，不但符合實用目的，同時也增加話題趣味。

496

497

⊜ **材質細節。** 工廠設備多以實用為目的,選用另有功能性的現成品作為傢飾,反能增添趣味感。

497

傳遞幽默感的 EXIT 出口座燈　鞋櫃上方放置 EXIT 座燈,仿舊金屬材質與水泥粉光牆面十分合襯;EXIT 字樣巧妙呼應「逃生方向」近在咫尺的生活小幽默,也可充當玄關處的小夜燈照明。圖片提供 © 東江齋設計

498

善用擺飾創造愜意生活感　手作工業風為工作室定調,以造型簡潔但去掉銳利線條的傢具,作為生活感元素的背景,材質以淡色系木材,搭配白色鐵件,與二手傢具,打造自在愜意的氣氛。圖片提供 © 彗星設計

⊜ **材質細節。** 鏡子、尺規、個性文具、鐵件燈飾佈置的一方角落,打破工作桌嚴肅沉悶的印象。

499

金屬線條擺飾增加活潑趣味 擺飾不見得要規矩的擺在桌上架上，動物造型的金屬擺飾和達利複製畫作放在地上，有種幽默的趣味感。圖片提供 © 彗星設計

500

復刻燈飾詮釋舊時代 天花刻意塗上墨色，並鋪設同色的鋼樑，不僅能巧妙隱藏燈具的軌道，也有效穩定空間重心。同時將愛迪生燈泡接上繩索，以繞樑的方式纏繞在樑上，呈現西部粗獷的美式印象，復古形式的燈具更增添時代的氛圍。圖片提供 © 奧立佛室內設計

499

⊜ **材質細節。** 擺飾選擇金屬材質創造一致感，不妨大膽加入亮色，通常會有畫龍點睛的效果。

500

⊜ **材質細節。** 復刻版的愛迪生燈泡點綴其中，同時輔以線條俐落的金屬壁燈，展現特有的復古工業風風格。

設計師不傳的私房秘技 工業風空間設計 500

作者　　　漂亮家居編輯部
文字　　　王玉瑤 · 余佩樺 · 李亞陵 · 邱建文 · 許嘉芬 · 陳婷芳 · 陳佳歆
　　　　　黃婉貞 · 張景威 · 覃彥瑄 · 楊宜倩 · 蔡竺玲 · 鄭雅分
責任編輯　許嘉芬 · 楊宜倩
美術設計　莊佳芳

發行人　　何飛鵬
總經理　　許彩雪
社長　　　林孟葦
總編輯　　張麗寶
叢書主編　楊宜倩
叢書副主編 許嘉芬
行銷主任　許宜惠

出版　　　城邦文化事業股份有限公司 麥浩斯出版
E-mail　　cs@myhomelife.com.tw
地址　　　104 台北市中山區民生東路二段 141 號 8 樓
電話　　　02-2500-7578

發行　　　英屬蓋曼群島商家庭傳媒股份有限公司城邦分公司
地址　　　104 台北市中山區民生東路二段 141 號 2 樓
讀者服務專線　　0800-020-299（週一至週五上午 09:30 ～ 12:00；下午 13:30 ～ 17:00）
讀者服務傳真　　02-2517-0999
讀者服務信箱　　cs@cite.com.tw
劃撥帳號　1983-3516
劃撥戶名　英屬蓋曼群島商家庭傳媒股份有限公司城邦分公司

總經銷　　聯合發行股份有限公司
地址　　　新北市新店區寶橋路 235 巷 6 弄 6 號 2 樓
電話　　　02-2917-8022
傳真　　　02-2915-6275

香港發行　城邦（香港）出版集團有限公司
地址　　　香港灣仔駱克道 193 號東超商業中心 1 樓
電話　　　852-2508-6231
傳真　　　852-2578-9337

新馬發行　城邦（新馬）出版集團 Cite（M）Sdn. Bhd.（458372 U）
地址　　　41, Jalan Radin Anum, Bandar Baru Sri Petaling,
　　　　　57000 Kuala Lumpur, Malaysia.
電話　　　603-9057-8822
傳真　　　603-9057-6622

製版印刷　凱林彩印股份有限公司
定價　　　新台幣 450 元

國家圖書館出版品預行編目 (CIP) 資料
設計師不傳的私房秘技：工業風空間設計 500 /
漂亮家居編輯部作 . -- 初版 . -- 臺北市：麥浩斯
出版：家庭傳媒城邦分公司發行, 2015.02
面；公分 . -- (Ideal home ; 39)
ISBN 978-986-5680-93-0(平裝)

1. 家庭佈置 2. 室內設計 3. 空間設計

422.5　　　　　　103026823